JN124675

エンジン開発への情熱

ユニークなエンジンの系譜

桂木洋二

グランプリ出版

■読者の皆様へ■

本書は、『ユニークなエンジンの系譜』(2007年3月12日刊行) を、『エンジン開発への情熱　ユニークなエンジンの系譜』と改題し、カバーデザインを一新して刊行する新装版です。今日のエンジン技術の熟成にいたるまでには、その進化の過程で登場し、役目を終えて姿を消した数多くのエンジンや、それに付随するユニークな技術があります。これらはいずれも、エンジン開発への飽くなき情熱によってもたらされたものであり、その一端を伝える目的で企画された本書の内容を、より的確に表現することが改題の目的です。

刊行にあたっては、本文中の記載内容に160ヵ所以上の変更を加えて、より正確になり、さらに充実を図ることができたと考えています。

本書をご覧いただき、名称表記、性能データ、事実関係の記述に差異等お気づきの点がございましたら、該当する資料とともに弊社編集部までご通知いただけますと幸いです。

グランプリ出版　編集部

目次

プロローグ
技術進化のなかの主流エンジンと傍流エンジンと

技術は、未熟から成熟へと向かう。それが進化であり性能向上の道筋である。

ガソリン機関が誕生して自動車用動力として用いられはじめたのは19世紀の終わり近くであるが、このときには、成熟した動力となっていた蒸気機関が数は多くなかったにしても実用化されて自動車に使用されており、もう一つの新しい動力である電動モーターも注目される存在になっていた。

熱効率では、蒸気機関より内燃機関のほうが優れているのは明らかだったが、信頼性や実用性で見れば、まだ問題を抱えていた。この問題の解決がなされると思う人たちは、内燃機関に対する期待を高めたし、容易でないと判断する人たちは蒸気機関を動力とする自動車が当分は主流になるだろうと予想した。

内燃機関は、変速機を使用しなくてはならなかったが、電動モーターならシンプルな機構で駆動することができ、回転もスムーズだった。

いっぽうで、モーターを使用する電気自動車は、バッテリーの消耗が大きく航続距離を長くすることができないという欠点を持っていた。今日では、バッテリーのエネルギー密度を飛躍的に高めることは非常にむずかしいことを知っているが、当時はこの問題と、内燃機関が持っている問題と、どちらが先に解決するかは、にわかに決めることができなかったのだ。

20世紀の初めまでの自動車用動力は、ガソリン機関が優勢になりそうな傾向を見せてはいたものの、電気自動車や蒸気自動車も捨てがたく、三つの異なる動力が併用される時代だった。

※

こうした競合では、性能的に優れたものが生き残り、そのほかのものが姿を消していくのが歴史的な必然であるが、技術的な問題を次々と解決して性能向上が図られたのがガソリン機関で、その可能性の高さもあって、他の動力が淘汰されていった。

ガソリンエンジンが優勢になるにつれて、蒸気機関自動車メーカーも、ガソリンエンジン自動車に切り替えるか脱落するかした。電気自動車もバッテリーの問題を解決できずに姿を消し、ガソリン機関だけが生き残り、成熟に向けて技術的な進化を辿っていくことになる。

多くの自動車メーカーが、ガソリン機関の性能向上を図り、性能競争は一段と激し

1894年に開催されたフランスの走行会でトップでゴールした蒸気機関自動車のドディオンブートン。

2番目にゴールしたプジョーのガソリンエンジン車。燃費など総合的に最も良い成績をおさめたとして表彰された。このレースはどの動力が優れているか決めるためのトライアルでもあった。

1900年にポルシェは4輪にホイールモーターを配置した電気自動車を製作した。しかし、バッテリーの消耗が激しく、1902年には前輪だけにモーターを組み込んで、発電用のエンジンを搭載したハイブリッドカーを開発した。

くなっていく。動物の進化と異なるのは、どこかのメーカーが新しい技術を導入すると、それを他のメーカーも何らかのかたちで採り入れることができることで、全体の水準が飛躍的に上がっていく。技術的な進化はめざましいものになり、内燃機関以外に自動車用動力は考えられなくなった。

その後、経済性が優先される商用車ではディーゼルエンジンが主流になり、ガソリンエンジンでも機構的にさまざまな試みがなされている。1920年代から30年代にかけては、飛行機によってもたらされた機構のひとつにスリーブバルブエンジンがある。日本では採用例が少ないのであまり知られていないが、イギリスをはじめとしてヨーロッパでは戦前に試みられ、使用された機構である。

今でこそカムシャフトにより開閉する吸排気はキノコ型のポペットバルブが当たり前になっているが、シリンダーライナーと同じ形状のスリーブがバルブの役目をしたエンジンが注目を集めたこともあった。しかし、ポペットバルブ式のエンジンの性能向上が図られてくると時代遅れにならざるを得なかったのである。性能向上の余地が大きいエンジンが生き残っていき、その点で限界のあるものは、マラソン競技の途中で失速するランナーのように、おいて行かれざるを得なくなる。

※

この本で採り上げている2サイクルエンジンや空冷エンジンは、今日、自動車用としては姿を消しているが、だからといってそれらを採用したメーカーが、技術的に劣っていたわけではない。傍流となったエンジン群であるとはいえ、いずれもメーカーが生き残りを賭けて取り組み意欲を示し、さまざまな挑戦であった。

原則として、本書で採り上げたのは、ある程度量産されたもので、その後に姿を消したエンジンを中心にしている。例外はホンダのオートバイやF1の、市販されないレース用エンジンである。これも、それぞれの世界ではきわめてユニークなものであった。

※

DOHC4バルブエンジンが定着したように、技術的に進化して、機構的に一定の方向に絞られていく傾向がある。しかしながら、自動車のように競争の激しい世界の製品は、各メーカーによって他とは異なる優位性を示そうと、差別化が図られる。それが一定の効果を上げると、他のメーカーも同様の機構にするから、常に差別化を図るために技術進化が求められる。

そのために、自動車用エンジンは多様な姿をしているということができる。地球環境に配慮して、燃費の優れたエンジンにすることが重要な課題となっているが、自動車を使い続けるためには、エンジンはこれからも進化を続けていかなくてはならないのだ。

ここに取り上げたユニークなエンジンの多くは、そうした技術進化の過程で誕生したものである。それぞれのカテゴリー別に章立てをしているが、2サイクルディーゼルや2サイクル空冷エンジンといったものは、場合によっては異なる章に入れてもおかしくないかも知れない。しかし、全体を考慮して、歴史的な流れとの関係で、このようなかたちにしたものである。したがって、各章のなかでも、必ずしも実用化された時期をもとに時系列に並べてあるとは限らないことをお断りしておく。

第1章
世界のモーターレースとホンダ

1957年の浅間火山レース。この時代の代表的な二輪のレースで、主要二輪メーカーが参加して技術とテクニックが競われた。

まず、ユニークなエンジンの代表として、ホンダの二輪及び四輪のレース用エンジンを採り上げる。レース用エンジンは特殊な例であるから、本来ならこの本で扱うのはふさわしくないが、現在のホンダの技術開発とつながったものであり、エンジン開発姿勢としてみた場合、多くの示唆に富んだものであるからだ。

ホンダが海外のレースに初めて参加したのは1954年2月、ブラジル・サンパウロの国際オートバイレースにドリーム号が13位に入っている。サンパウロ400年記念の行事として企画され、前年に招待状が届き11台のオートバイと14人のライダーが派遣されることになったものだ。

ホンダがイギリスのTTレースに挑戦宣言するのは、この翌月のことである。TTレースは、四輪でいえばルマン24時間レースに匹敵する、当時のオートバイレースでは最高峰に位置するもので、イメージ的には島の道路を使用した公道を走るレースであるが、長い伝統に支えられて、

ホンダの最初の国際レース参加のサンパウロオートレースで13位となったドリームE型と大村美樹雄選手。

ヨーロッパの名門チームが挑戦した歴史あるものだ。

初めての海外レース、それも本場のものではないレースに参加しただけのホンダが、いきなり世界の頂点にあるレースに挑戦するというのだから、この宣言は無謀な計画であると受け取られるものだった。

1957年浅間レースのウルトラライト級レースを走るホンダCB。ホンダやヤマハがこれらのレースで頭角を表した。

この当時のホンダの経営は、順調といえる状態ではなかった。二輪業界では有力な存在となっていたものの、業績を伸ばすきっかけとなった自転車の補助動力であるカブ号の販売のピークが過ぎており、満を持して量産体制を整えて販売したドリームE型に、エンジンの不具合が生じてクレームが続出していたのだ。

このドリームE型というのは、2サイクルエンジンを搭載して高性能が図られた、期待の大きいスポーツバイクだった。2サイクルエンジンとしての完成度が高くなかったことも原因のようだが、クレームが付いたことによって、ホンダはこれ以降、エンジンはすべて4サイクルにする決断をするきっかけになったものでもある。内燃機関の権威で東大名誉教授だった富塚清著の『内燃機関の歴史』によれば、改良することで良いエンジンになったのに4サイクルに転向するというのは、いささか疑問であるという見解が披露されている。

しかし、ホンダのこのときの決断は、それ以降のホンダにとってきわめて大きい影響を与えた。ホンダの技術的な記録を記した冊子には、本田宗一郎社長が「2サイクルは竹ずっぽだ」と語ったと記されている。

良くも悪くも、ホンダは本田社長の個性に支えられて発展した企業である。その社長が決断すれば、2サイクルに未練を持つことはない。特にエンジンに対する関心の強い社長の決断は絶対である。その後に同じ排気量ならパワー的に有利になる2サイクルエンジンを選択するスズキやヤマハと、同じ土俵で戦うことになるから、4サイクルにこだわるのは賢明ではないという意見もあったろうが、多少のハンディキャップがあったほうがやりがいがあるとばかりに、果敢に技術的な挑戦をしていく。

ホンダは、自らつくる製品で顧客に夢を持ってもらうという、単なる「銭儲け」ではない行き方をしようとするところがある。メーカーとしてレースに直接参加するのも、そのためのひとつの表現でもあった。本田社長がレースが好きで、レースに勝つことが生き甲斐といって良いようで、企業の運営そのものも、レースと同じように目標を設定して集中的に挑戦、世界一を目指して邁進する態度だった。とはいえ、そんな本田社長の手綱をしっかりと握ってコントロールしている藤澤武夫副社長の存在が、ホンダの健全経営を支えていたことを見逃すわけには行かない。舞台の上では、本田社長の派手なパフォーマンスがみられたが、しっかりとした演出者が芝居の脚本を一緒につくっていたのである。

レースに勝つためには、まずマシーンが優秀であることが最大の条件である。それを支えるのは技術力であり、組織力である。

ホンダの場合は、1954年のTTレース挑戦宣言の時点では、世界的なレベルで見れば、技術的にまだヨーロッパ勢には差を付けられているから、無謀な挑戦と受け止められたのである。

しかし、つねに意気軒昂な本田社長は、世界に出て行くには、こうした果敢な挑戦こそ欠かせないものであり、それを達成するには全社一丸となる社風がつくられる必要があると考えていたのである。したがって、挑戦宣言はホンダが高い目標を設定することで、マイナス思考に陥らずに、エネルギーを発揮して成長するためのカンフル剤になるものであった。

ホンダは、1956年から日本のメーカーチームによる争いの場となった浅間のレースで活躍し、性能向上が図られていく。

その後、TTレースを視察し、ヨーロッパのオートバイメーカーなどのあり方を見てまわることで、本田社長は、この挑戦が無謀ではないこと、世界一になる目標を達成することは夢ではないことなどを確信したようだ。

度胸で突っ込んでいくのではなく、技術力を発揮して世界一になるという目標に向かって努力するわけだが、この場合のホンダは、一定の方向を迷わずに進んで行くというやり方だった。それが4サイクルエンジンであり、その高性能化のためには、非常識と思われることでも試し、まず実行し、成果を上げていく。

その実例が、これから述べるマルチシリンダーエンジンである。3番目に述べる楕円ピストンエンジンは成功作ということはできないが、そのほかはレースで成果を上げた技術的に世界最高峰のものばかりである。

国内でベストセラーとなったホンダ·スーパーカブは、アメリカにも輸出。50cc4サイクルで性能と燃費を両立させた優れたエンジン。それまでの二輪の良くないイメージを払拭するためのキャンペーンを実施、1960年代のはじめには北米を中心に輸出を大きく伸ばした。レースとともに海外進出を図り成功しつつあった。

ホンダ125cc5気筒レーシングエンジン

レースで勝つためには、当面のライバルより性能の良いものにすることが第一である。前のレースで負けた場合は、相手の性能を知り、それを上まわる性能にするべく努力する。ライバルが次のレースに向けて性能向上を図ってくることを計算して、それを凌ぐ性能を目指して開発する。たとえば、相手が100馬力のエンジンを用意していると想定される場合は、103馬力ないし105馬力のエンジンを目標性能に設定する。

ライバルたちも必死に技術力を駆使して性能向上を図ってくるから、それを上まわるのは容易なことではない。まして、1960年代のホンダがライバルとしたのは2サイクルエンジンで戦うスズキやヤマハであったから、性能で上まわるためには尋常な手段では達成することがむずかしかった。

大ざっぱな言い方をすれば、同じエンジン排気量なら2サイクルエンジンは4サイクルの1.5倍ほどの出力となる。原理的にはクランクシャフトの1回転で吸入行程から圧縮、燃焼、排気を完成させる2サイクルは、2回転でサイクルを完成させる4サイクルの倍の出力を発揮することが可能であるが、それほど単純ではない。4サイクルのように厳密に行程をこなすことができないから多少のパワーロスが生じるが、機構的にシンプルになり、小排気量エンジンでは断然有利であった。

ホンダは、本田宗一郎社長の強い意志で2サイクルエンジンから4サイクルエンジンに転換をはかり、当面4サイクルエンジンのみを生産することになり、当然レースも4サイクルエンジンで戦うことに決めていた。

125cc5気筒エンジンを搭載するホンダRC148型マシーン。

●その驚くべき特徴

それゆえに誕生したのが、125ccクラスレースに出場する5気筒エンジンである。

125ccで5気筒、1気筒が25ccのエンジンが実際のレースで活動したのは、いまとなっては信じられない

ベースになったのは50cc2気筒エンジン。それを直列5気筒としている。2気筒と3気筒を並列にしている。

ほどの驚きだ。ひとつのシリンダーはボアが34mmでストロークが27.4mmと、まるで模型のエンジン並の大きさである。125ccなら単気筒かせいぜい2気筒が常識的であったが、並外れたマルチシリンダー(多気筒化)である。しかも、二輪なら高回転は当然という世界であるとはいえ、20000回転というとんでもない回転を達成した。最終的には33ps/20000rpmと、リッター当たり264馬力という性能を1966年の段階で発揮している。2006年のF1マシンのV型8気筒エンジンでも最高回転数は20000回転には達していないと言われているのだ。

他のメーカーとの違いを強調するときに「企業としてのDNA」という表現をすることがあるが、この時代のホンダ高性能エンジンが、まさにそれであろう。今日までのガソリンエンジンの歴史のなかで、この5気筒125ccエンジンはマルチシリンダーの頂点を極めるものであり、それが2サイクルエンジンに対抗するための特殊な開発であったことによって、空前絶後のものとなっている。あとで見るように、ホンダではこれ以前に125cc4気筒エンジンを実戦レースに投入していたが、さらに戦闘力を高めるために125ccクラスに6気筒エンジンの投入さえ検討対象になっていたのだ。

125cc5気筒エンジンは1965年に登場、シーズンの後半に入ってからレースに投入されたが、トラブルが発生するなどして年間チャンピオンを獲得することができなかった。翌1966年にはボア・ストロークを始めとして改良を加えて年間チャンピオンを奪還、みごとに目的を果たすことができたのである。高回転化に伴うフリクションロスの低減など、今日考えられるような対策は、電子制御技術を除けばすべて織り込んだエンジンになっている。

レース用マシーンの性能向上は、限られた時間のなかで最大限に能力を発揮し成果を上げなくてはならないから、尋常な努力の範囲を超えたエネルギーの投入が必要となる。それだけ大変なことだったろうが、このような究極の技術追究ともいえる開発に携わった人たちは技術者冥利に尽きることでもあったろう。

●TTレース挑戦のためのエンジン開発

125ccクラスは、1959年の初挑戦TTレースのときからのホンダにとっては中心ともいうべきクラス。ヨーロッパの歴戦の勇士たちに対抗すべく高出力・高回転をめざしたものだ。高性能エンジンの定番であるDOHCで押し通している。

もともとエンジンの振動の発生を嫌う傾向のあるホンダは、小排気量でも単気筒エンジンで押し通すことがなかった。125ccクラスでも早くから2気筒を採用した。1959年にホンダがイギリスのTTに挑戦するのは無謀なものに見えたかもしれないが、最初から勝算があると判断し、それを実現しようとする意志の強さを持っていた。レースに勝とうとする熱意は、ヨーロッパの古豪チームに負けない激しいものだったのは確かだ。

それを裏付けるのが組織力や技術力である。組織力では、本田社長がビジネスを度外視してレースの勝利を優先していると思えるほどの力の入れようだった。ホンダがレースで力を発揮することで一流ライダーが競ってホンダに乗ることを希望し、ホンダチームは年々強力になった。もちろん、それを支えたのが技術力である。

TTレースに挑戦する準備段階でライバルたちの性能の指針とすべくイタリアの市販レーサーであるモンディアルを入手して、最高出力が16.5馬力であることを知り、ホンダの目標は最低限17馬力、達成目標は20馬力と設定された。

1957年の段階ではホンダの125ccエンジンはショートストローク(56.9mm×49mm)ながらSOHC2バルブでリッター当たり100馬力(125ccでは12.5馬力)をめざして開発された。しかし、実際にはそれを達成できていなかったから、TTレースのために設定された新しいこの目標は、かなりハードルの高いものだった。

●125cc2気筒エンジン

当然、それまでのエンジンより性能向上が見込まれる機構にする必要があった。最初は125cc2気筒でボア・ストロークが45mm×39mmとショートストローク、半球室タイプの燃焼室でDOHC2バルブ方式のRC140型エンジンが試作された。これを改良して44mm×41mmにボア・ストロークを変更するとともに各部の改良が加えられた。ボアは少し小さくなったが、吸排気バルブ径は同じだった。性能的ポテンシャルは高められている。このRC141型エンジンの最高出力は15.3馬力で、目標には達しなかったが、それでも、ホンダにとってはそれまでにない高性能エンジンとなっていた。

これでも性能不足と考えたホンダは、TTレース挑戦のためにこのエンジンの4バルブ化(RC142型)を図った。1958年の段階でDOHC4バルブは、高性能のための大いなる技術挑戦であった。4バルブにすれば同じ排気量でバルブの開口面積を大きくすることができ、ひとつのバルブ質量が小さくなるので、高回転化するには有利になる。吸排気効率を向上させ、高回転化することは最高出力を上げるための大きな条件である。また、点火プラグが燃焼室中央に配置できるので燃焼効率を上げることができる。

125cc2気筒DOHC4バルブという、当時では世界的に例を見ない高性能な機構のエンジンだった。こうした機構のエンジンをつくることは、技術力を持ったメーカーなら可能であったが、そこまでやろうとするメーカーは、世界的に見てもなかったのだ。

このRC142型は17.3馬力を発生、そのときの回転は13000rpmだった。これが1959年のTTレースに出場したマシーンのエンジンである。初出場のTTレースでは谷口選手の6位が最高だったが、7・8位にも入ってチーム優勝を獲得して手応えを感じる成績を残した。1位はイタリアのMV、2位は東ドイツのMZ、3位がイタリアのドゥカティだった。すでにイギリス勢の時代ではなくなっており、イタリアを中心とするチームは、新機構のエンジンを開発するなどのマシーンの性能向上に熱心には取り組んでいなかった。したがって、必死に性能向上に取り組むホンダに、勝つチャンスは充分にあったといえる。ホンダが追いつき追い越すことを可能にした。

ホンダ125cc2気筒エンジン

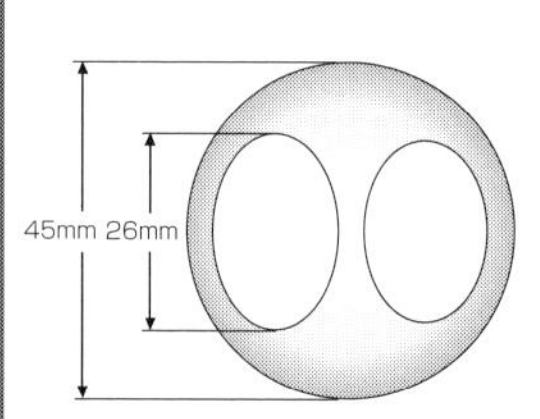

RC140

TTレースのための試作で、2気筒半球型燃焼室。ストローク39mm、排気バルブ径は24mm。ウエットサンプ。

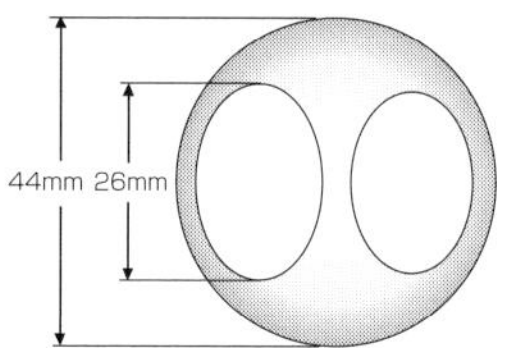

RC141

RC140のあとにボア·ストロークを変更(ストローク41mm)。いずれも出場していない。

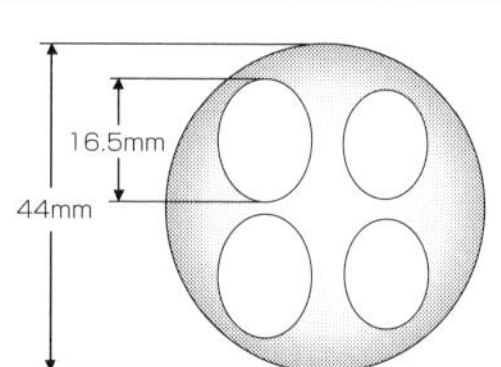

RC142

RC141をベースに4バルブ化したもの。排気バルブ径は14.5mm。ペントルーフ型燃焼室。1959年TTレース出場。

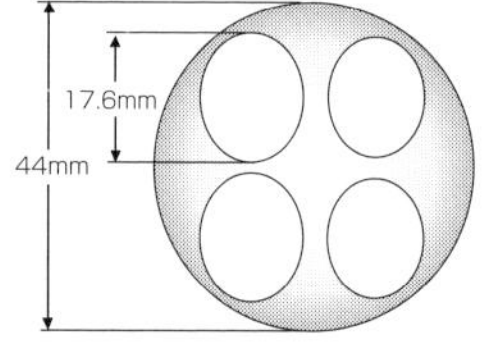

RC143

1960年レースにそなえてRC142型を改良、バルブ径を変更、排気バルブ径は17.1mm。シリンダーを直立から35度前傾させた。

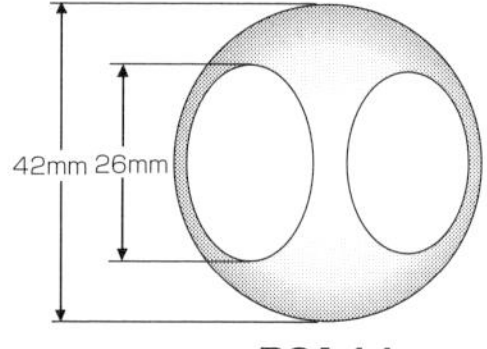

RC144

1960年後半用、ボア·ストロークを変更、2バルブの半球型燃焼室とし、ストロークは45mm、排気バルブ径は24mm。

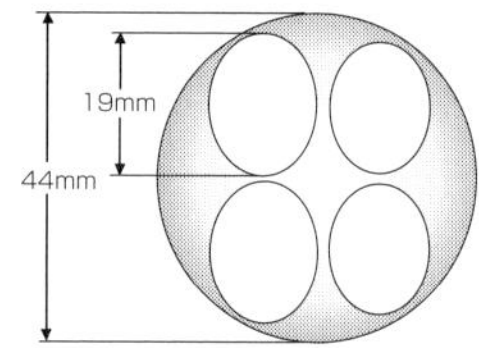

RC145

RC143型の改良、ボア·ストロークは同じで排気バルブ径は17.5mmとなり、1961年及び62年に出場。カムはギア駆動。

●125cc4気筒エンジンの開発

この時期のホンダはF1レースへの取り組みを計画し、四輪部門への進出を計画するなど、技術陣は限られた人員で設定した目標の達成に取り組まざるを得なかった。

4気筒にすることで吸排気効率が向上しているので、ホンダは信頼性を確保させるために再び2バルブにしてセンターからギアでカムシャフトを駆動する方式のRC144型を開発した。4バルブエンジンの改良には多くの時間と人手が必要なことからの選択でもあった。1960年シーズンをホンダはDOHC4バルブを改良したRC143型と新開発の2バルブRC144型を併用して戦った。RC144型は最高出力はある程度出ていたものの、それが持続せずに良い結果を得ることができなかった。その原因はカム駆動にベベルギアを用いていることだった。

1961年シーズンは2バルブのRC144型に加えて4バルブRC143型の性能向上に取り組んだ。主として吸排気系の見直しにより出力は19.5馬力、さらに21馬力となり、このエンジンをRC144型のフレームに搭載した2RC143を開発。二輪グランプリレースの第3戦から出場して、6月のTTレースで念願の優勝を果たした。3年目の快挙である。

ホンダは「時計のように精巧にできたエンジンで勝利した」と報じられ、その高性能なエンジンがヨーロッパで大いに話題となった。

ホンダ125cc4気筒エンジン

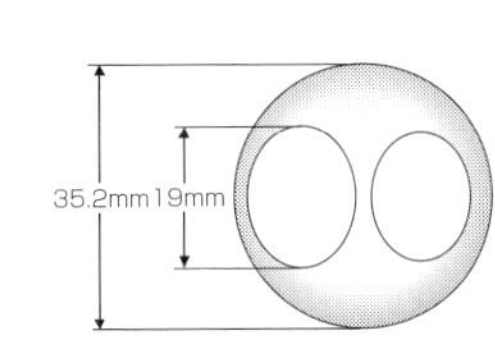

RC146

4気筒の最初。半球型燃焼室で、ストロークは32mm、排気バルブ径は17.2mm、動力はクランク中央部からとる。1963·64シーズンに出場。

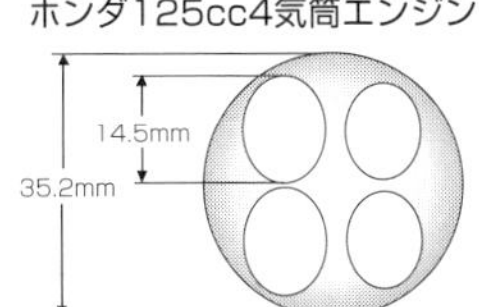

2RC146・4RC146

RC146の4バルブ化。排気バルブ径は13mm。メタル径縮小。8段変速。1964年のチャンピオンマシーン。

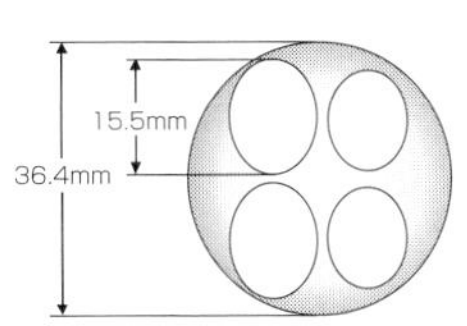

RC147

レースに出場しなかったが、4気筒の最初の4バルブエンジン。ストロークは30mm、排気バルブ径13.5mm。

ホンダ125cc5気筒エンジン

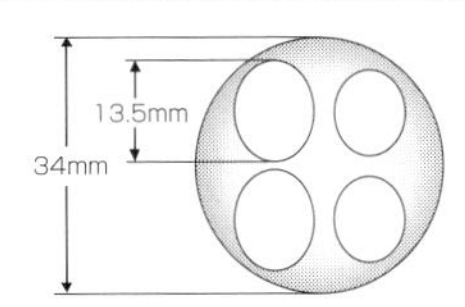

RC148

最初の5気筒で、ストロークは27.4mm、50ccのRC115型と同じ仕様。排気バルブ径は11.5mm。120度間隔のマグネトー点火。

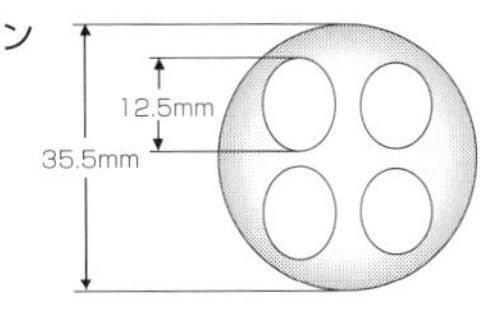

RC149

さらにショートストロークとするが、バルブ径は大きくしていない。ストロークは25.1mm、排気バルブ径11.5mm。1960年代125cc最終マシーン。

前頁のものも含めて、これらはすべて2分の1の縮尺で、それぞれのエンジンのイメージとして作成したもの。

125ccのホンダRC146型。2バルブ4気筒エンジンを搭載する。

ここで手を緩めないのがホンダである。1962年は無敵となるなかで、改良が加えられたRC143型はボア・ストロークは同じであるが、吸排気バルブ径を大きくして効率向上を図ったRC145型となり、最高出力は22.5馬力になった。エンジン回転も14000rpmから16000rpmに上げられた。TTレースを制覇しただけでなく、ホンダは年間チャンピオンを獲得し、いまや二輪グランプリレースの主役の地位を獲得したのだった。

ここでスズキやヤマハがレースに登場してこなかったら、ホンダはRC145型のわずかな改良で、その後のレースに出場するようになったかもしれない。ところが、1963年になると2サイクルエンジンのスズキは性能向上を図ったニューマシーンを投入して125ccクラスレースでシリーズの初戦から優勝をさらったのである。ホンダ4サイクルの4気筒エンジンを上まわる24馬力の性能を発揮していた。日本のメーカーとして最初に本場ヨーロッパに出ていったホンダは、新しく登場した同じ日本からの強敵を迎え撃たねばならなかった。ホンダのレース挑戦は、ここで新たなステージに立つことになる。

ホンダチームの新しい目標は25馬力に設定された。そのためには吸排気効率を向上させるとともに、さらなる高回転化が必須の条件となり、125cc4気筒エンジンが企画された。とにもかくにもエンジン回転を上げることが目指された。250ccクラスですでに4気筒エンジンを実戦に投入していたから、125ccといえどもさらにマルチシリンダー化することに抵抗はなかった。

1964年鈴鹿の日本GP50ccクラス優勝のホンダ2気筒を操るルイジ·タベリ選手。50ccでは無敵の快進撃を続けた。

しかし、4気筒ではひとつのシリンダーは31.25ccという小ささになる。ボア・ストロークは35.2mm×32mmとショートストロークにするとしても、4バルブにするとバルブがあまりにも小さくなる。議論の末に2バルブでトライすることに決定し、開発が始まった。

2サイクルのヤマハ125ccエンジン。

高回転化を達成するには、バルブスプリングの不整運動を起こさせなくすることが重要となる。そのためには動弁系部品の重量軽減、さらにはカム形状とバルブスプリングの荷重特性の選定などさまざまなトライをしなくてはならなかった。信頼性のあるエンジンにすることはレースに勝つための絶対条件のひとつであり、その確保を優先するとエンジン出力は目標を下まわるものにしかならなかった。

ホンダ5気筒125ccエンジンの搭載状態。

1963年は、ヨーロッパのレースで優秀な成績を収めたホンダが、日本のファンの前で、その勇姿を見せるチャンスだった。前年にオープンさせた鈴鹿サーキットで二輪の日本グランプリが開催されることになったからだ。このレースで勝ちたかったものの、ホンダは125ccクラスでは熟成しないままに目標性能に大きく遅れた2バルブ4気筒のRC146型マシーンで戦わざるを得なかったのだ。それなりのポテンシャルを見せることができたものの、スズキのマシーンに先行を許し2位となった。一番でなければ承知しない本田宗一郎社長のもとでは、惨敗と変わらないものだった。実際に、4気筒のRC146型は15000rpmしかまわらなかった。

いま考えてみれば、この回転でさえ驚異的な速度であるが、ライバルを凌がなくてはレースに勝つことができないのだ。

高回転化を進めるには動弁系の質量軽減が有効である。そのためには、やはり4バルブ化にとり組まざるを得なかった。特に高回転の妨げになっているのがバルブスプリングの不整運動である。それを抑え込むには吸排気バルブの質量が少ない方が有利である。同時に、回転を上げるにつれて増大するフリクションロスを減少させなくて

1965年の日本GPに姿を見せた5気筒エンジン。左右に2本ずつのマフラーを出した上に、もう1本は別に右側上方にレイアウトされた。

は、高性能化は達成できない。そこで、ピストンをはじめとする往復運動部品の徹底した軽量化を図るとともに、クランクシャフトベアリングの径や幅の縮小化が図られた。

こうした努力で4バルブとなった4気筒2RC146型エンジンは25.5ps/16500rpmの性能となり、1964年シーズンでは出場した最初から優勝することができた。特にTTレースでは圧倒的な勝利となった。しかし、シリーズ最終戦の日本グランプリレースでは、大幅に改良を加えたマシーンを投入したスズキがホンダから勝利を奪い取った。スズキは2サイクルエンジンの水冷化を果たし、明らかにホンダのパワーを上まわる性能を持っていた。

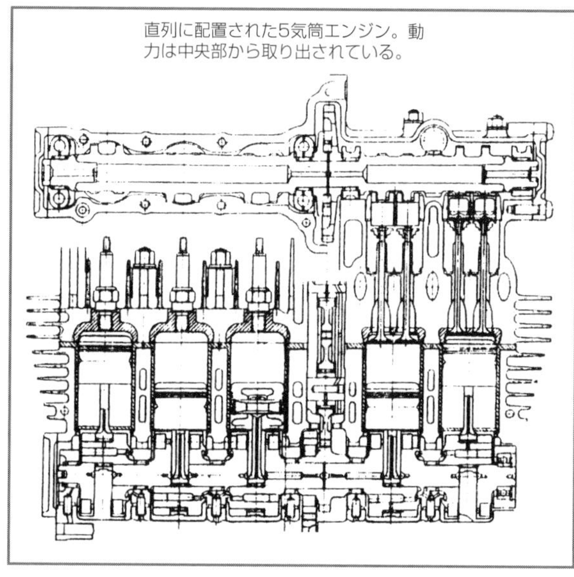

直列に配置された5気筒エンジン。動力は中央部から取り出されている。

わずかな改良では、翌1965年シーズンをスズキと互角に戦うことができないことは明瞭だった。しかし、ホンダにはすぐに新しいエンジンを開発するだけの余裕はなかった。台頭するスズキとヤマハの2サイクルエンジンに4サイクルエンジンで対抗するには18000rpmに達するエンジンにしなくてはならない計算だった。そのためには、4気筒エンジンでは限界があることが分かっていたが、1965年シーズンは2RC146型エンジンのピストンリングを3本から2本にしてフリクションロスの低減を図り、キャブレターの改良、主要パーツの重量低減など基本的な仕様を変更せずにできる改良に留まらざるを得なかった。125ccクラスのエンジンに投入できる技術陣が限られていたからである。27.5馬力で15000rpmと性能的には上まわるものになったが、1965年のレースではスズキだけでなくヤマハにも負ける展開となった。

1965年の日本GPでは、スズキのアンダーソンがトップを奪って優勝。5気筒125ccマシーンに乗るタベリは2位でゴールした。

●125cc5気筒エンジンの開発

1965年最終戦となる鈴鹿での日本GPを迎えるにあたって、新しいエンジンの目標性能は30馬力となった。そのためには真剣に6気筒化が検討された。しかし、あまりにもひとつのシリンダーが小さくなること、新規に設計することに伴う開発にかかる時間と技術陣の投入で問題があった。たまたまテストで目標の性能に達したエンジンができたからといって、それだけでレースに勝つ保証はない。熟成して信頼性を確保させるには仕事量が増し、さらなる高回転化にはどんな問題が潜んでいるか分からない。

そんなときに、たまたま本田宗一郎社長が「50ccエンジンで採用しているシリンダーを使えば5気筒エンジンができあがるぞ」とアイディアを出したのだ。50ccクラスのレースは1962年から実施されるようになった新しいカテゴリーで、最初から2サイクルのスズキチームと激しい戦いを繰り広げた。4サイクルで性能的に優るために高回転化を図るのは125ccクラスと同じで、1962年から2気筒エンジンにしていた。25ccの最小の排気量エンジンであった。これでうまく燃焼するのか不安があったというが、最初は2バルブ、性能向上を図るために1963年には4バルブとなり、ピストンリングも2本となった。

1964年に50ccエンジンはボア・ストロークをそれまでの33mm×29mmから34mm×

27mmとボアを大きくして吸排気バルブを大きくしている。バルブステム径を細くし、ピストンリング幅を0.6mmにつめ、クランクシャフトベアリングの径と幅の縮小が図られていた。

こうした実績のあるエンジンを利用するのは、開発にあたって時間の節約ができ、信頼性の確保にとっても有利である。エンジンの開発は試行錯誤の連続だから、錯誤の回数を少なくするには、実績のある機構を積極的に採用するほうが有利である。全体を広く見通す立場にいた本田宗一郎社長ならではの柔軟で合理的な発想といえるだろう。

こうして、125ccの5気筒エンジンが誕生した。

●その成果

エンジンにとってバランスを取ることは重要である。それはエンジンに限ったことではなく、機械全般にいえることだ。こうした点からみれば、エンジンは2気筒の次は4気筒、そして6気筒にすることが無難である。現在ではエンジンマウントなどで振動を抑え込むことができるから、3気筒や5気筒エンジンをつくることにためらいは少なくなっているが、1965年当時では5気筒エンジンの開発は、かなり勇気のある決断だったに違いない。

50cc2気筒4バルブエンジンは1965年の時点で12.8ps/19250rpmを達成しており、単純に2.5倍した125ccに換算すれば30馬力を上まわることになる。

心配となるのは120度間隔で6回燃焼するところが1回休みとなるアンバランスがどの程度顕在化するか、クランクシャフト機構のアンバランスによる振動と機械損失がどの程度大きくなるかだった。心配しても始まらないから、実際に組み立てて実験する以外にない。まずは50cc2気筒エンジンと同じボア・ストロークで5気筒エンジンとして成立するかから検討に入り、どうにかまとめることができる見通しを立てたところで開発が加速された。

途中でいくつかのトラブルや不安に遭遇したことだろうが、クランクシャフトが高回転に耐えられるかも含めて、心配したことは実際のエンジンでは、あまり問題にならなかったようだ。50ccエンジンと同じ19250rpmで31.5馬力の性能が得られたという。それだけ50ccエンジンが熟成されていたということだろう。

テスト段階で最も問題になったのは冷却であった。高回転化により空冷では追いつかないのかもしれないが、この当時のホンダではシンプルな機構の空冷以外の選択肢は考えられなかったことだ。

RC148型と呼ばれた新しい5気筒エンジンは、充分なテストを経ないままに1965年10月の日本グランプリレースにデビューした。スズキもニューマシーンを投入しているから、勝つチャンスは新しい5気筒エンジンに期待する以外になかった。予選ではホンダが好タイムをマークしてポールポジションを獲得、翌日の決勝レースでもスタートから飛び出してトップを快走した。しかし、レースの後半になってエンジンが不調になってペースダウン、スズキに敗れて2位でゴールした。

125cc5気筒エンジンを搭載するRC149型。1960年代のホンダの最終モデルとなったもので、1966年シリーズのチャンピオンになった。

後で判明したことだが、エンジンがオーバーヒートしてシリンダーを止めていたボルトがゆるんだことでエンジンが不調になったのだった。

その対策としてカウリングにオイルクーラーが設置された。これにより上昇気味だった油温が下がった。同時に、1965年4月から開発が開始されていた50cc2気筒エンジンのボア・ストロークが35.5mm×25.1mmに変更され、ボアを拡大されたことに伴って、125cc5気筒もこれと同じボア・ストロークのRC149型になった。33ps/20000rpmがこのエンジンによって達成された。5気筒のDOHC4バルブにしたことで、高回転化と吸入空気量の増大が達成された。そこで、信頼性の確保に力を入れることになり、ボアを大きくしたにもかかわらず、吸排気バルブ径をRC148型よりわずかであるが縮小している。これによって、高性能エンジンとしての完成度が高められたのである。

1966年シーズンは、このエンジンが威力を発揮してホンダは再び125ccクラスでチャンピオンとなった。50ccクラスも同様にチャンピオンを獲得、これを機会に両方のクラスでホンダは世界グランプリレースからの撤退を決めた。2サイクルエンジンにハンディキャップなしで勝つという目標を達成したからであった。

4サイクルエンジン技術でひとつの頂点を極めたものとして強烈なインパクトを残したものだ。

ホンダ250cc6気筒レーシングエンジン

●そのユニークさ

125ccエンジンの5気筒があれば、250cc6気筒といっても驚かないかもしれないが、1964年のイタリアのモンツァサーキットでデビューしたホンダ250ccのRC165型の与えた衝撃は大変なものであった。ホンダが、マルチシリンダーエンジンとして徹底するという凄さを印象づけたのは、このときであった。125cc5気筒エンジンよりも早く登場したからである。

1964年シーズンの250ccクラスのレースは、ヤマハRD56に乗るフィル・リードとホンダの4気筒マシーンに乗るジム・レッドマンの一騎打ちが続いており、残りレースの少なくなったイタリアでホンダはニューマシーンを投入するという噂が事前に流れていた。サーキットに現れたホンダの新しいマシーンに多くの人たちが注目したが、ホンダのピットではカバーを掛けたまま作業が進められた。

このレースの車検の際にエンジンが掛けられたが、明らかにそれまでのホンダ4気筒マシーンとエキゾーストノート(排気音)が違っていた。甲高く力強い音を聞いた人

1964年イタリアGPに250cc6気筒エンジンがデビュー。驚きを持って迎えられた。

1965年イタリアグランプリレースのスタート。
ホンダとヤマハの争いは激しくなっていた。

たちは、ホンダが途轍もない機構のエンジンを持ち込んだと予想して、ホンダのピットは大勢の報道陣がつめかけ黒山の人だかりとなった。

予選に先立つプラクティス走行で初めてカバーをはずして走りはじめたマシーンには両サイドに3本ずつのディフューザー(排気用マフラー)が装着されていた。高周波のエキゾーストノートを発して駆け抜けるマシーンのトップスピードは、明らかにそれまで以上の速さだった。その前のレースで最高速ではヤマハRD56に負けていたホンダは、逆にトップスピードでヤマハに10km/h以上の差をつけた。それまでに聞いたことのないホンダマシーンの排気音は、サーキットにこだまのような響きとなり、そのスピードが尋常でない印象を与えた。

125ccクラス同様にパワーを出すのに有利な2サイクルエンジンに4サイクルで対抗するため、ホンダは6気筒エンジンを選択したのであるが、ホンダが底知れぬポテンシャルを持つマシーンを開発する能力を持つメーカーであると思わせるに充分だった。

このレースでホンダ6気筒マシーンはポールポジションを獲得、決勝レースでも2位以下を大きく引き離す快走を見せた。しかし、125ccクラスの5気筒エンジンのデビューと同様にこのレースでは後半にオーバーヒートでスローダウン、ヤマハのワンツーフィニッシュを許して3位に終わった。

この年の最終戦の日本グランプリレースでは、オーバーヒート対策を施したことが功を奏してこの6気筒マシーンで優勝した。改良が加えられたエンジンは1966年になって熟成され、世界グランプリ10戦すべてに勝つという偉業を成し遂げたのである。

●開発の背景

この当時の二輪の世界グランプリレースは、50cc、125cc、250cc、350cc、500ccの5クラスに分かれてレースがあった。ホンダが最初から出場したのは125ccと250ccであったが、125ccクラスまでは軽快に走ることが要求され、250ccクラスになるとパワーがあることが優先された。125ccのエースライダーとして活躍したルイジ・タベリは機敏な操作で速く走らせることにかけてはぴかいちだったが、小柄な身体であることがマシーンの性能を生かす働きもしていた。250ccクラスのエースであるジム・レッドマンは筋骨隆々で力強さにあふれた体つきをしており、豪快にマシーンを操ることが要求

ホンダチームで参戦した高橋国光は1961年ドイツグランプリレースで日本人ライダーとして初めてGPレース優勝を飾った。

されたのである。

もちろん、パワーを絞り出すためには高回転化が必須であったが、125ccクラスに比較すると、ある程度のトルクバンドが必要で、ぐいぐいと加速するねばり強さがエンジンに要求されたのである。

1962年に350ccクラスにホンダが参戦したときには250ccエンジンをベースに開発されており、250ccクラスのエンジンは重量級のマシーンの基本となった。それでも、ホンダの特色であるマルチバルブ・マルチシリンダーによる高回転化でパワーを出す基本的な設計思想が変わらないのはいうまでもない。

当然のことながら、250ccクラスでの4気筒化は125ccクラスより先行している。1959年のTTレースにチャレンジするために戦闘力を向上が目的であった。最初は125ccのDOHC2気筒2バルブエンジンをベースに4気筒にしたRC160型エンジンであった。4気筒にするのはホンダにとっても初めてのことで、2気筒125ccを並列に配置した4気筒とし、カム駆動はクランクシャフト右側からアイドラーギアを介してベベルギアで回転を伝えていた。

このエンジンが実戦に投入されなかったのは、125ccエンジンの4バルブ化が図られてパワーを発揮することが分かったことにより、250ccでも急遽、これをベースに4バルブ化することに変更したからである。2気筒125ccエンジンのボア・ストロークだけでなく、吸排気バルブ径も同じにして4気筒となった250ccエンジンがつくられた。ピストンをはじめとして125ccエンジンと同じパーツを使用することができる。クランクシャフトからの動力は、最初は左右2気筒ずつをスプラインで結合し、ギアでミドルシャフトにパワーを伝達していたが、ギアのトラブルが多発したために、左右二つのクランクシャフト中央の両端部にそれぞれドライブギアを配置して、それに対応するドリブンギアをミドルシャフトに設けるかたちにしている。

その後、カム駆動をベベルギアからスパーギアに変更したのは、ベベルギアのシャフトのねじり剛性が不足してバルブタイミングに狂いが生じるなどのトラブルが発生したからである。この変更は、その後125ccクラスでも実施されて効果を発揮している。この250cc4気筒エンジンで1960年にホンダはTTレースに挑戦、4～6位という成績を残した。

このRC161型用エンジンは、吸排気系の見直し、クランクシャフトとカムシャフトを通常の1本タイプにし、重心を下げるためにウエットサンプ方式からドライサンプ方式に変更、シリンダーの前傾角を35度から30度に変更するなどの改良が加えられた。40ps/13500rpmの性能を得ることができたこのエンジンで臨んだ1961年シーズンは、TTレースを制覇しただけでなく、ホンダは年間チャンピオンも獲得した。二輪グランプリのメインともいうべき250ccレースでホンダは、3年目にして無敵ともいえる快進撃を続けた。続く1962年シーズンも快勝しチャンピオンとなった。

1963年になってヤマハが好敵手にならなければ、このエンジンの改良型で当分は凌ぐことができたはずだ。250ccはドリーム号というホンダのメイン車種であること、さらに鈴鹿サーキットのオープンで日本でもレースに対する一般の関心が高まっていることから、台頭するヤマハを打ち破らなくてはホンダの良いイメージを維持することが困難になりかねなかった。

●6気筒エンジンの開発とその成果

その解決法は、マルチシリンダーの選択以外には考えられず、6気筒エンジンの開発が進められることになったのである。1963年シーズンの終了後に開発がはじめられた。125cc4気筒DOHC4バルブエンジンの開発と時を同じくしている。ホンダの場合は、この当時F1のグランプリを戦い、ホンダスポーツを初めとする四輪部門への進出、市販オートバイの開発など、技術開発の課題が山積しており、二輪世界グランプリレースに多くの技術者を投入する余裕はなかった。それなのに、125ccと250ccレースのほかに50ccと350ccクラスのレースにも参入、ただでさえ不足する開発陣は眠る時間も惜しんで働かざるを得なかったのだ。

新開発の250cc6気筒は、ボア・ストロークは39mm×34.8mmとホンダエンジンとし

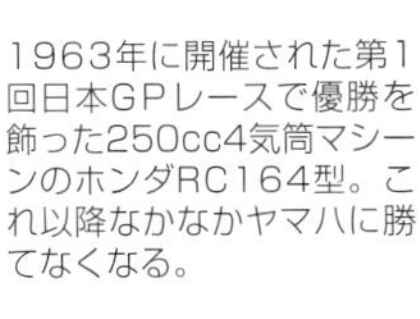
1963年に開催された第1回日本GPレースで優勝を飾った250cc4気筒マシーンのホンダRC164型。これ以降なかなかヤマハに勝てなくなる。

1964年の日本GPを走るレッドマンの250cc6気筒マシーン。その甲高いエキゾーストノートはファンを魅了した。

ては標準的なショートストローク仕様である。39mmというボアにしたのは4気筒250ccエンジンで使用した実績のある吸気バルブ16mm径、排気バルブ14.5mm径を使用することができるからであり、ボアを6気筒にしたぶん5mm小さくなっているので、バルブ挟み角を大きくしている。したがって、圧縮比を高めるためにピストン頭頂部は凸型になっている。軽量化のためにシリンダーとアッパークランクケースを一体構造とし、シリンダーライナーを圧入している。4本のバルブと8mm径という小径の点火プラグを効率よくレイアウトするために燃焼室にはCu-Cr-Mo鋳鉄の金具を鋳込んでいる。クランクシャフトは圧入によるビルトアップ方式で、ローラーベアリングを採用している。

組み立てられた6気筒エンジンは、52ps/17000rpmと最初からポテンシャルの高さを示したという。しかし、熟成する時間がないまま実戦デビューし、最初のレースに勝つことができなかったのは前述したとおりである。それは、この当時のホンダのいつものパターンであり、実戦を通じてポテンシャルアップを図っていくやり方である。信頼性が高くてもライバルに負けると分かっている性能のマシーンで出場するのは、ホンダ流ではなかったからだ。

とはいうものの、このマシーンではヤマハ2サイクルに対抗するには今ひとつ性能が足りなかったのだ。1964年シーズンは大きな改良を加える暇のないままの戦いとなり、チャンピオン奪回の実現はならなかった。ようやく吸気バルブを16mmから16.5mmに拡大し、クランクシャフトのベアリング幅を縮小してフリクションロスの低減を図るなど効果的な性能向上策がとられたのは、1964年シーズン終了後のことだった。

しかし、1965年シーズンもチャンピオンになれなかった。125ccクラスの5気筒化の熟成などを優先したせいで、安定した性能を発揮するまでに至らなかったのだ。

したがって、250cc6気筒エンジンは、衝撃的なデビューを果たした割には、好成績を上げるまでに時間がかかっている。

スズキの350cc2サイクルエンジンのマシーン。
フィル・リードはホンダ勢の前に立ちはだかった。

1965年シーズンの途中で、吸排気系を中心とする性能向上対策を施した結果、1966年になってポテンシャルを発揮することができた。その背景には、長らく500ccクラスで君臨していたイタリアのMZアウグスタのエースライダーだったマイク・ヘイルウッドの加入による活動も無視することができない。このときのエンジンは57ps/18500rpmを発揮、リッター当たりの出力は228馬力となっている。

最終型のRC166改型用エンジンは吸気バルブ径を17.5mmに、排気バルブを14.5mmに拡大したうえでフリクションロスの低減を図っている。

●その後の経過

ホンダが500ccクラスに参戦したのは1966年のこと。あまりエンジン開発にエネルギーを注がなくても勝てそうだからであった。350ccクラスの性能とあまり変わらないマシーンでMZアウグスタがライバルのいない500ccクラスのレースで勝っていたのだ。このため、エンジンの開発に当たっては350cc4気筒エンジンと同じ機構を採用してボア・ストロークを500ccにしたのである。最終的には84ps/12000rpmであった。

なお、350ccクラスで6気筒エンジンが登場するのは1966年の後半からのことである。それまでは

ライダーたちの要望で350ccも6気筒エンジンが投入された。1967年の日本GPで、ライダーはエースとなったマイク・ヘイルウッド。

全盛期のホンダ二輪チームを支えたライダーのジム・レッドマン(左)とルイジ・タベリ。レッドマンは250ccクラス以上の重量級、タベリは50ccと125ccの軽量級のエースとして活躍、ともに1966年シーズンで引退することになり、ホンダのひとつの時代が終わった印象を与えた。

4気筒エンジンで戦っていたが、ライダーが250ccで成果を上げていることから350cc6気筒エンジンを要望したことに応えたものだ。

しかし、350ccになるとエンジンそのものが大きくなり、かえって全体のバランスを崩す恐れがあった。そこで、250ccのRC166型用エンジンをベースにしてボア・ストロークを41mm×37.5mmとして297.1ccに抑えたものになっている。ボアを変えずにストロークを伸ばしたエンジンで、66ps/17000rpmの性能を確保した。これで充分に勝つことができたのである。

ホンダは1966年シーズンには50cc、125cc、250cc、350cc・500ccの5クラスすべてを制覇した。その機会にワークス活動を停止することにしたのである。二輪の世界グランプリレースに技術者をこれ以上割くことが許される状況でなかったからでもあるが、4サイクルエンジンでは2サイクルエンジンに性能的に優ることは限界に達していたからでもあった。

ホンダは1960年代の時点で4サイクルガソリンエンジン技術で、二輪用の小排気量であったものの、世界一の性能を達成したのである。エンジン性能の基本である吸入空気量の増大、燃焼効率の向上、フリクションロスの低減という課題の克服に臨み、最大の成果を上げたのである。

これにより、ホンダは世界的にイメージを良くするとともに、効率よく技術向上を図るポテンシャルを蓄積して、来るべき自動車メーカーの激しい競争のなかで勝ち抜いていく力量を持つことができるメーカーに成長したのだった。

ホンダ4サイクル楕円ピストンエンジン

1978年にホンダは10年にわたる休止のあとで、二輪レースに復帰すべく活動を開始した。このあいだにホンダはシビックの成功で四輪メーカーとしての地位を不動のものにしていた。二輪の分野でも世界一の座をさらに確かなものにしており、自動車メーカーとして1960年代の二輪レース活動当時とは格段に違う規模のメーカーになっていた。

排気規制に対する技術開発やシビックやアコードの開発などが軌道に乗り、業績も順調に伸ばしており、レース好きが多いホンダはレース活動を再開することで、新しく飛躍することを期したのであった。活動に当たって、新技術の創造、レースを通じて人材育成、ホンダイメージの向上など大義名分が掲げられた。こうした名分を掲げること自体が、ホンダがかつてのように本田宗一郎社長が牽引力を発揮した小さな企業から、組織で動く大企業になっていたことを意味している。一方で名誉顧問となった本田宗一郎のために、レースに出場するからには勝つことも条件付けられていたのである。ホンダの創業者が、最も強くレースへの復帰を熱望しており、レースで成果を上げることを楽しみに待っていたのである。

四輪部門ではF1の世界グランプリレースを視野に入れてF2マシーン用エンジンの開発がスタート、二輪では同じく世界GPレースに向けて4サイクルエンジンの開発がはじめられた。それがNR500である。NRというのはニューレーシングの頭文字で、開発スタッフは全員若手、かつてのレーシングエンジンの開発スタッフは加わっていなかった。

●そのユニークさ

シリンダーはレシプロエンジンの誕生のときから円筒形に決まっており、ピストンも同様に円筒状をしている。ところが、ホンダがつくった500ccレース用のエンジンは、ピストンが楕円形をしたものになっており、レシプロエンジンとしてのユニークさは、際だったものとなっている。まず、その発想からして賛否を呼ぶようなものだった。それでエンジンとして成立するのかという疑問が湧くのが当然の機構を採用したのであった。

実際にこの楕円形のピストンが誕生するのも、レースのレギュレーションによって縛られていたからである。1960年代の世界グランプリレースで2サイクルエンジンの性

史上初の楕円ピストンを持つNR500のプロトタイプ車。

能に苦しめられてマルチバルブ・マルチシリンダーを選択したときと同じように、2サイクルと4サイクルの排気量は同じという規則のままだったのだ。

1969年に世界グランプリの車両規程が改正された。それにより、エンジンは4気筒以下とされ、ホンダの1960年代のマルチシリンダー作戦には制限が加えられていたのだ。レースの区分も、レースの頂点となっているのは500ccクラスだった。これが四輪でいえばF1レースに相当する。もちろん、500ccもレギュレーションによって4気筒までに制限されているから4サイクルエンジンを選択するホンダにとってのハンディキャップは、1960年代よりも大きくなっていたのだ。それでも、4サイクルで通してきたホンダは、レースのカムバックに当たって伝統の4サイクルで挑む決意に変わりはなかった。

この時代にはすでにスズキ、ヤマハ、カワサキと3メーカーがそろって2サイクル4気筒エンジンでレースを戦っていた。そこに割って入るホンダは、彼らと異なる機構のエンジンで挑戦することに意味を見いだしていたのである。

ライバルたちの性能は多めに見積もって120馬力であり、それを上まわる出力を目標に開発するのは当然のことである。それまでのホンダの500cc4サイクルエンジンではせいぜい102馬力あたりまでしか出ていなかった。それより20%以上の性能向上となる130馬力が目標として設定された。これは尋常な手段ではできないもので、単純に考えても、130馬力に達するには500ccエンジンでは20000rpmまで上げる必要がある。そのためにはバルブ開口面積を大きくするとともにひとつずつのバルブを軽量コンパクトにする必要がある。

新しい規則ではシリンダー数は制限されているから、マルチシリンダーにすることができない。しかし、バルブ数は決められていない。ということで、ひとつのシリンダーに8本のバルブを用いることで目標とする性能を発揮させることが可能という計算だった。

円形のシリンダーでは、5バルブという手はあるが、それ以上にして成果を上げることはむずかしい。ということなら、シリンダーを楕円形にして8本のバルブを作動させるしか方法はない。

つまり、レースのレギュレーションによって縛られた結果として、通常なら8気筒にするべきところを変則的な形状となる4気筒エンジンが企画されることになったのである。

ホンダ以外のメーカーなら、2サイクルエンジンにするか、レース参戦を諦めるかという選択になっていたに違いない。まっとうな技術者なら、こうした変則的な機構のエンジン開発には二の足を踏むかもしれないが、そこを敢えて踏み込んで開発をはじめるのがホンダらしいといえる。何ごとも、やってみてどうしてもだめなら、その時点でまた検討するというのがホンダ流なのだ。

とにかく考えているより実行するという姿勢でなくては、このようなエンジンがつくられるはずはない。世界広しといえども、ホンダ以外に楕円形のエンジンでレースに挑戦しようなどするところはないであろう。

●開発の経過

ゴーサインが出たとはいえ、どのようなかたちで8バルブエンジンをつくり上げていくのか、また果たしてレーシングエンジンとして成立するのか、といったところから出発するしかなかった。

1978年10月に朝霞研究所で少人数での開発がスタートした。このエンジンの開発を認めた首脳陣も、行方を見守るしかなかったし、このエンジンに疑問を持つ人たちがホンダの社内にも多く存在し、彼らはお手並み拝見といった感じで斜に見ていた。

しかし、開発に携わる若手の技術者たちの意気は軒昂だった。レースのレギュレーションに縛られて決定した変則的な機構であるとはいえ、技術開発にはさまざまな制約が付きものである。むしろ、未知の領域に踏み出すチャレンジとして積極的な構えで臨んでいた。

こうした開発などをまとめたホンダ

エンジンはVバンク角が100度となり、各シリンダーは8本のバルブと2本の点火プラグを持つ。

の分厚い冊子のなかで、開発をはじめるスタッフの意気込みが「開発チームにとっては何もかも不安であった。だが、性能レイアウト上、このバルブレイアウトが必須であったため、出てくる問題を片っぱしから解決しながら、しゃにむに突き進むしかないと全員が腹をくくったのだった」と記されている。

最初は楕円形のピストンをつくり、それがきちんと往復運動をすることを確かめるところから始められた。とにかく動くことが分かり、125cc単気筒で本格的なテストに入った。ボアは長径93.4mm×短径41mmで、ストロークが36mmのシリンダーで、これに見合うピストンがつくられた。ボアの短径が41mmであるから、かなりなショートストロークといえる。高回転を目指すからピストンスピードを上げすぎるのは好ましいことではなく、ショートストロークはホンダのお家芸でもある。

当時、すでにNCマシンが稼動していたが、真円のシリンダーやピストンをつくることに比較すれば、精度の良い工作をすることは相当にむずかしかったが、余計に精巧にしなくてはならなかったはずだ。

コンロッドは2本にして、そのあいだにクランクジャーナルのあるクランクシャフトで1スローに3点支持とした。点火プラグは2本であるから、企画の段階で想定したとおり、実際に二つのシリンダーをひとつにしたエンジンになっており、DOHC4バルブ×2エンジンということになる。しかし、そう単純ではない。むしろ楕円にしたほうがピストンの頭頂部の面積が円形ピストンを二つ並べたものより広くなるから、それだけバルブの開口面積を大きくすることが可能になる。そのぶん吸排気効率を上げることが可能になる計算だ。この点だけ見れば、この形式のエンジンは有利なところもあるといえた。

まず単気筒エンジンを試作、テストしながら500ccV型4気筒エンジンの設計が進められた。Vバンク角は100度とし、それをもとに車体の設計も進められた。

組み上げられた単気筒楕円ピストンエンジンは、テストベンチにかけると、ちょっと回転を上げるとピストンはバラバラになった。2本あるコンロッドがねじれ運動をすることが原因で、高速になるとピストンリングがずれてピストンの運動が正常でなくなるためであった。ピストンリングも真円タイプのピストンに装着されたもののようにしっかりとシールするにはかなりの試行錯誤が必要だった。2本に分けて試作したリングなどをトライし、最終的には自己張力型のリングでトラブルの発生が抑えられた。

V型4気筒にしたエンジンのテストでも、カムシャフト駆動のギアトラブルやバルブの折損など、素直に性能を発揮するまでにいくつかの難問に見舞われた。対症療法的な対策で、ようやくどうにか回るようになったものの、110馬力程度の出力で、130馬力という目標が見えるところまでは行かなかった。

レースではトラブルに悩まされ通しだった。

それでも、実戦に投入することで次の開発課題を明瞭にしようと、1979年8月のシルバーストーンサーキットでのイギリスグランプリにデビューすることになった。

しかし、熟成からほど遠いエンジンではさんざんなレース結果になった。予選だけはどうにか通過したものの、スズキやヤマハなどの2サイクルマシーンとは明らかに性能差があった。しかも、決勝レースではすぐに1台が転倒してリタイア、もう1台もトラブルに見舞われて早々に姿を消したのである。かつての二輪レースでは、熟成されていなかったエンジンでも、それぞれにポテンシャルの高さを示したものだったが、その片鱗も見られない惨敗だった。

エンジンの挙動そのものにも多くの問題があった。エンジンブレーキが効きすぎてマシンが不安定に陥りやすいこと、押しがけスタートでは2サイクル勢の2倍ほどの初速にならないとエンジン始動しないことのほかに、コーナーの立ち上がりでスロットルを開けた際にライダーの予想を超えたパワーになることだった。微妙なアクセルコントロールを心がけてもパワーは「ドッカーン」と出るからリアホイールのスリップに繋がるなどマシーンの挙動が定まらない傾向を示した。

4サイクルエンジンにこだわるホンダの二輪世界選手権レースへの再デビューはNR500になった。

2サイクルエンジンに比較して重量が20kgほど重いことも大きなハンディキャップであった。V型にしたことで動弁機構を持つシリンダーヘッドが二つになり、動弁機構を持たない2サイクルに比べて軽くすることがむずかしかった。軽量化のためにチタンやマグネシウムを使用しても、同様の改良で2サイクルマシーンが軽量化を図れば、重量のハンディキャップは縮まらなかった。

楕円にしたシリンダーやピストンの加工精度を上げることも大きな課題だった。しかし、ピストンは円弧と直線の組み合わせになるために、直線部分と円弧の接点のところで曲率が不連続になり、NCマシーンでの加工による段差が生じてピストンリングとの接点にすき間が生じるなど、楕円ピストンにしたことによるトラブルの発生要素が増えていた。この問題は、最後まで解決しなかったようだ。

●開発の成果とその後

エンジンブレーキに関しては、バックトルクリミッターというデバイスを開発して対策したが、パワーが急速に発揮される問題に関しては、アクセル開度とスロットルグリップの開度をリニアにしないようにするなどの対策では、おさまらないものだった。

レースに勝つことが条件であるホンダチームでは、このエンジンの開発を続けながら2サイクルエンジンの開発も併行して実施している。4サイクル楕円ピストンエンジンがすぐに戦闘力のあるものになる見込みがなかったからである。それでも、4サイクルエンジンの開発を続行させたのはホンダだからであろう。開発陣も、何がなんでも、ものになるエンジンに仕上げようとする意志を持ち続けた。

他の有力自動車メーカーでは一度失敗した人は配置転換で主流コースから外されてしまう例がある。ホンダでは失敗してもその悔しさをバネにして新しい開発に挑戦することが保証されている。失敗した経験がその人の財産になって生きるという考えである。

1981年の鈴鹿200kmレース用のNR500。新しいカウリングになっている。

1981年には、100度だったバンク角を90度に変更するとともにトラブル対策を進めた。問題となっていたカム駆動のギアにもゴムダンパーをつけるなどして解決が図られた。性能的には、125馬力程度まで向上、1981年6月の国内レースである鈴鹿

200kmレースではNR500マシーンが優勝を飾り、一定の成果を上げることができた。その翌月には世界グランプリレースではないが、アメリカの国際レースで、期待の新人であったフレディ・スペンサーが乗って、当時の王者といわれたヤマハのケニー・ロバーツを抑えて走るシーンを見せてチームメンバーを喜ばせた。これに力を得て8月のイギリスGPにスペンサーを起用して出場した。しかし、結果は5位を走行中にトラブルが発生してリタイアした。

1982年のシーズンは、2サイクルV型3気筒エンジンで戦うことになり、NR500の出番はなくなった。それでも開発は続けられ、1983年になると130馬力を発生させて当初の目標性能に届いた。しかし、このころには2サイクル勢も性能向上が図られていた。

1982年9月の鈴鹿サーキットでの日本グランプリレースには出場する計画が立てられたが、決勝当日に台風が来てレースは中止された。結局、これで楕円ピストンエンジンはレースに出ることがなかった。その後も2気筒にしてターボを装着したエンジンの開発が進められたというが、レースに出ることはなかった。

二輪のGPレース用のエンジンはホンダも2サイクルになったものの、他のメーカーが4気筒にしているのに対して当初は3気筒を選択し、あくまでも同じような仕様ではないやり方を選ぶという意地を見せた。

楕円ピストンエンジンが重量増によりマシーンの操縦安定性に難のあったことの逆をいくために、V型3気筒にしてエンジンの重量を徹底して軽くすることで戦闘力を高める狙いだった。

コンパクトなカウルの中にエンジンが収まり、空力的に優れたマシーンになった。これによりコーナリングスピードを向上させることでトータルでの速さを発揮するという、それまでのホンダのレースの行き方とは異なる方向であった。他のメーカーでやらないことをやるという意味では、ホンダ流であった。

その後、他メーカーと同様に2サイクル4気筒エンジンで戦うことになるが、2サイクルエンジンの開発でもホンダならではの開発手法が見られた。4サイクル楕円ピストン、2サイクルV型3気筒というまわり道をしたことになるが、その後レギュレーションが改定されて4サイクルは750ccまでに引き上げられ、1990年に入ってからはホンダらしく4サイクルエンジンで戦っている。

●1992年に楕円ピストンエンジンの市販車が登場

突然変異的で、結果として子孫を残さなかった生物のように、姿を消して歴史の彼方にかすむと思われた楕円ピストンエンジンは、1992年になって市販二輪車としてその姿を見せたのである。これも、ホンダでなくてはあり得ない出来事である。経済効率でいえば、量産する可能性のない限定販売のために市販することは、開発費を回収

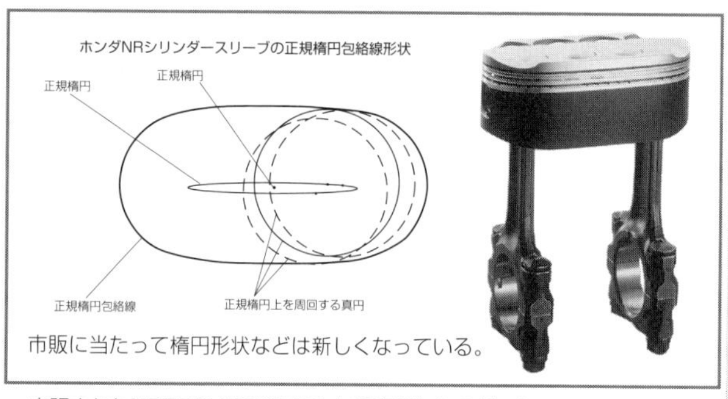

市販に当たって楕円形状などは新しくなっている。

市販されたNR750は520万円という高価なものだった。

する見込みがないばかりか、経費の負担を大きくするだけである。それでも、開発した革新的な技術は、何とか生かそうとする姿勢を示した。これは、驚くべきことである。

レース用エンジンでは、レースの距離を走りきるだけの耐久性があればよい。問題を抱えたままのピストンリングにしても、レースを走っているあいだだけ性能が落ちなければ問題があるといわないですむ。しかし、市販されるバイクでは、信頼性・耐久性の確保は欠かせない条件である。そのために採用されたピストンの形状は「正規楕円の包絡線形状」とした。要するに円と直線をつなげた長円ではなく楕円形状をしており、直線がなく緩い曲線で繋がった形状のピストンになったのである。

こうすることでピストンリングの一箇所に応力が集中することがなくなり、信頼性が得られた。バックトルクリミッターが採用され、V型4気筒の前バンクの排気は前方へ、後バンクの排気は後方へ出しており、Vバンク内に吸気系が収納されている。

市販エンジンは1気筒当たり2本のインジェクターを持つ燃料噴射装置を採用するなど、その後の技術進化を採り入れていた。輸出仕様は130ps/14000rpm、国内仕様は77ps/11600rpmとなっていた。

高性能スポーツバイクとして限定販売されたが、価格は520万円という破格のものであった。車体もカーボンファイバーをふんだんに使用し、ホンダの技術の粋を極めたものになっている。

ホンダF1用1.5リッターV型12気筒エンジン

1954年にホンダがTTレースに挑戦すると宣言したことは、多くの人たちを驚かせたが、1962年に四輪レースの最高峰F1グランプリに挑戦すると発表したときには、驚きだけでなく大きな期待が寄せられた。ホンダの高性能エンジンが認められつつあったからである。

ホンダがF1レースに出場したのは1964年からのことである。1965年までのF1レースは1.5リッターエンジンで、1966年からは3リッターになることが決まっていた。ホンダが四輪メーカーとして軽トラックのT360、次いでホンダスポーツ500を発売したのは1963年8月と10月のことだった。このときには二輪の生産・販売台数では世界一になっており、成長する企業の代表的な存在になっていた。急成長するホンダでは、積極的に人材の確保を図っており、中島飛行機などでエンジン開発に携わった人たちなど、戦前の日本で最高技術教育をうけた、知識と経験を持った優秀な技術者たちがホンダに入ってきていた。

本田宗一郎は、典型的なエンジンマンといわれるタイプであった。二輪や四輪に限らずに各種のエンジンをつくることで人々の生活を豊かにし、企業として成長することを目標にしていた。とくに他を圧倒する性能のエンジンをつくるためなら、どんな努力も惜しまない姿勢を示した。

最初から本田社長は世界一をめざしていた。外国の技術のモノまねで汲々としているのではなく、日本人ここにありといった高い志で、世界に大きく飛躍するのが目標だった。それが高性能エンジンの開発となり、F1レースへの挑戦に結びついたのだ。

最初のホンダF1は1.5リッターV型12気筒エンジンを搭載する。

●そのユニークさ

当時のF1エンジンは、DOHC4バルブエンジンが主流になっているわけではなく、1.5リッターというF1史上ではもっとも排気量の小さい時代であった。

ホンダのF1エンジンはV型12気筒で、動弁機構は

V型12気筒を横置きに搭載するという異例のレイアウト。当初は上に見るようにキャブレター仕様だったが、途中から低圧燃料噴射装置が装着された。

DOHC4バルブだった。多くのF1エンジンはせいぜい8気筒か6気筒であり、なかには4気筒エンジンもあり、その多くが2バルブだった。デビューしたときからホンダのF1エンジンは、誰がみても驚くほどの高性能エンジンであった。

ホンダがF1レースに挑戦したときのエンジン出力は220馬力、それまでのヨーロッパのF1エンジンの性能を最初から圧倒したものになっていた。

もちろん、エンジンのパワーが大きいだけでレースに勝てるものではない。レースを走りきれるだけの信頼性があるなど、総合的に評価しなくてはならない。しかし、レース用エンジンは、まずパワーがあることが第一条件である。

ホンダエンジンは、パワーは抜群であったが、重く大きなものになっていた。機構的にも、四輪エンジンでは常識になっていたクランク軸のベアリングにプレーンメタルを使用せずに、重く大きくなるにもかかわらずローラーベアリングを使用したのは二輪のレース用エンジンで実績があるものだったからだ。

このDOHC4バルブV型12気筒エンジンをミッドシップに横置きに搭載したのも異例のことだった。

パワーのあるエンジンを持つゆえにホンダは注目され、F1レース界に大きな刺激を与えた。

●エンジンの開発から出場までの経過

この時代の日本では、自動車の生産ではトラックが主流であったが、ようやく個人でクルマを所有することが可能になりつつあり、モータリゼーションの高揚期ともいうべき時代に入ろうとしていた。

1963年になると、ホンダがF1レースに挑戦するというニュースがマニアのあいだで話題になっていたが、F1レースは遠いヨーロッパのものであった。F1レースそのもの

1964年8月ドイツGPにデビューしたホンダF1。ドライバーは新人のアメリカ人ロニー・バックナムが起用された。

が自動車好きの一部の人たちのあいだで、あこがれのレースとして関心の的であったにすぎなかった。それは、ホンダのなかでも同様であった。挑戦が決まった当初、自動車レースに関心のない技術者たちが、F1のことをほとんど知らなかったのも無理はない。

当時の日本の自動車メーカーがつくっている乗用車は、せいぜいが時速100キロ程度が最高速のクルマで、技術的にも欧米のクルマに性能で差のあるものであるというのは常識であった。日本では鈴鹿サーキットの誕生によって、レースそのものが1963年からようやく本格的に始まったばかりで、高性能スポーツカーはまだ存在していなかった。高性能スポーツカーやレーシングマシンの活躍というのはヨーロッパでのことであった。

1962年5月に本田宗一郎がF1レースに出場する意向を示したときに、F1に関する知識を持っていなかったホンダの技術者たちは、まずF1はどのようなレースで、エンジンはどんな機構と性能なのかのデータ集めから始めたという。

左はホンダF1のコクピット。下はリアのパワートレイン部。エンジンを降ろさなくてはミッションギアの交換などができないからメンテナンスは大変だった。

このときに、ホンダには1台のF1マシーンがあった。1960年代に活躍したクーパーF1で、エンジンはコベントリー社のクライマックスエンジンが搭載されていた。ホンダで二輪グランプリに出場していたマッキンタイアーがF1グランプリ出場を目指して個人で所有していたマシンだった。当のマッキンタイアーが事故死したために、マッキンタイアー夫人の将来の生活のことを考えた本田社長が、そのF1

マシーンをホンダで引き取ることにしたものだった。

このエンジンを調査することがスタートとなった。1961年からF1エンジンは排気量1500cc以下となっていたが、この当時はV8のクライマックスのエンジンが約180馬力、フェラーリが200馬力をちょっと上まわる程度だった。

当初はエンジンのみの供給で参加する計画だったが、ホンダチームとしてヨーロッパを中心に転戦した。

ホンダが挑戦した時期は、まだチームの規模も小さく、出場チームも多くなかった。1950年代には、メルセデス・ベンツやマセラティ、アルファロメオなどのメーカーチームの参加が見られたが、1960年代になるとメーカーチームはフェラーリくらいで、主としてイギリスのレーシングチームが中心になっていた。それらのチームにレーシングエンジンを供給していたのが、消防ポンプ用エンジンのメーカーであったコベントリーにあるクライマックス社であった。

現在は事前に登録された各チームが全戦に2台で出場することが義務づけられているが、当時はレースごとにエントリーする方式で、開催するレースによって出場するマシンの台数も異なり、1年に1回自国のグランプリレースにしか出場しないドライバーもいたくらいだ。

ホンダは、クライマックス社同様に、希望するメーカーにエンジンを供給することで参戦するつもりだった。しかし、実際にはホンダチームとして自らF1レースに出場するようになったのは、ロータスへのエンジン供給契約と、その決裂があったからである。ロータスのコーリン・チャップマンが1963年シーズン終了時に来日して、ホンダと契約したものの、シーズン

1964年シーズンのレースはいずれもリタイアしたが、スピードは充分に発揮し、可能性の高さを示した。

まだキャブレター仕様が多いなかで燃料噴射装置を採用、それが功を奏して1965年、高地のメキシコでのレースでエンジン性能が安定し、勝利の一因となった。

直前の1964年2月になって、チャップマンから突然「ホンダエンジンは使用しないことになったからあしからず」という電報が届いたのだ。

ホンダの計画は、これにより仕切り直しせざるを得なくなった。レースシーズン開幕の1か月前になっていて、改めて他のチームとエンジン供給に関して交渉するわけには行かなかった。そこで、すぐさまホンダは、F1チームとして独自にグランプリレースにチャレンジすることにしたのだ。

自らチームをつくっての参戦となれば、エンジンだけでなく車体などを独自につくり上げなくてはならず、ドライバーも雇い、レース運営のための体制をつくらなくてはならない。人材も資金も、余計に投入する必要が生じる。しかも、エンジンの開発だけでも大変なのに、車体まで開発するには技術的な困難さは何倍にもなる。

四輪車をつくった経験がなく、ましてレーシングマシンなど手がけた人がホンダにはいないし、そのノウハウも持ち合わせていない。リスクが大きくなることは分かっていたが、急遽シャシー関係の技術者がホンダF1プロジェクトに加わった。他のメーカーでは、市販車の開発にもっとも優秀な人材を当て、レースのような直接利益には結びつかない部門には原則的にはエース級の人たちを配属することはないが、ホンダでは、惜しげもなく優秀な技術者が投入され、誰もそれをあやしむことがなかった。

●その成果

ホンダがF1レースに初めて姿を見せたのは、1964年8月のドイツ・ニュルブルクリンクのサーキットである。ようやく出来上がったマシンを運び込んだもので、事前のテスト走行などはやっていないも同然だった。

他のチームは、コンパクトなエンジンを縦置きに積んでいるのに対して、ホンダは大きいサイズのV型12気筒エンジンを横置きにして積んでいる関係で、サスペンションやトランスミッションのセッティング作業も簡単にはできなかった。ミッションのギアひとつ交換するにも、他のチームが1時間でできるのに、ホンダではエンジンを降ろしてからでないとできず、その何倍もの時間をかけなくてはならなかった。

この年にホンダはドイツとイタリア、アメリカグランプリに出場したが、すべてリタイアだった。それでも、戦闘力のあることを示したのが大きな収穫だった。

翌1965年は、チーム体制を整えて2台体制にした。次第に速さを見せるようになったが、上位入賞はできなかった。

1965年の最終レースであるメキシコグランプリは、1.5リッターエンジンによる最後のレースだった。ヨーロッパからは距離的にも遠く、2000mを超える高地のメキシコのレースでは、空気密度が薄く、キャブレターのセッティングに各チームが苦労していたのに対して、低圧燃料噴射装置に切り替えたホンダが有利で、ホンダにとって初優勝する条件が整っていた。

1.5リッターの最終戦メキシコGPで初の優勝、ドライバーのリッチー・ギンサーとともに喜ぶホンダF1チームの中村良夫監督。

しかし、そのような条件以上に、ホンダは優勝するだけのポテンシャルを持っていた。ときにはマシンのコントロールを失いそうな挙動を見せたものの、リッチー・ギンサーは最後までトップをキープしチェッカーフラッグを受けた。ホンダのF1レース初優勝である。世界の檜舞台での快挙は、実に価値のあるものだった。

●F1世界に与えた影響

F1の世界でのホンダエンジンの衝撃は大きかった。1.5リッターでV型12気筒DOHC4バルブというメカニズムは、驚きを持って迎えられた。このエンジンの登場がF1エンジンの多気筒化を促したのである。

レース用エンジンメーカーであるコベントリー社では、ホンダを上まわるV型16気筒エンジンの開発まで手がけている。さすがに16気筒エンジンは実戦には投入されなかったものの、多気筒エンジンのDOHC4バルブ化は、レースの世界でホンダが先鞭を付けたものである。

1965年には、コベントリー社やフェラーリ社では4バルブエンジンを投入しようとして開発を進めたが、とうとうものにすることができなかった。

ちなみに、1966年の3リッターF1時代になってから登場した変わり種エンジンとしてあげられるのは、イギリスBRMチームのH16型タイプ75エンジンである。H型というのは180度V型にしたエンジンを上下に組み合わせたもので、多気筒化のための形式である。イギリスのF1チームのなかでエンジンまで自製するBRMチームはユニークなエンジンにチャレンジする傾向があった。

ホンダが1.5リッターでV型12気筒なのだから、3リッターなら16気筒もやりすぎではないと考えたのだろう。クランクを2本もっているので180度V型8気筒を上下に組み合

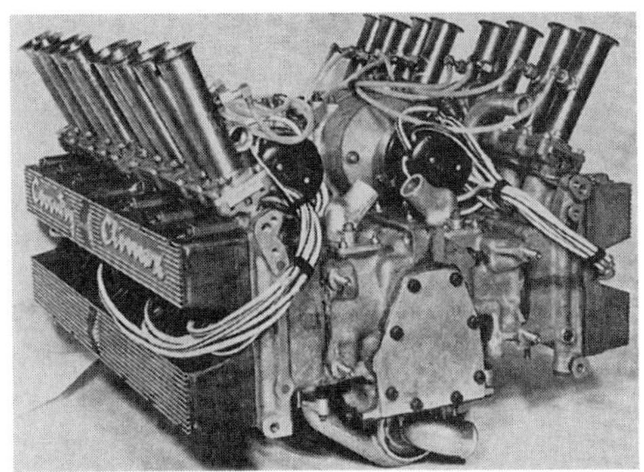

実戦には投入されなかったがホンダに対抗するためにコベントリー·クライマックス社が開発した1.5リッターV型16気筒エンジン。

わせた形で、必然的に重く大きくなる。ボア・ストロークは68.5mm×50.8mmで、上下にあるクランクシャフトは180度の平面クランクになっていて、90度の位相で組み合わされている。出力はアイドラーギアを介して上下ギアと結ばれていて、下側のギアから取り出されている。600馬力をめざしたというが、デビュー当時の発表では圧縮比12.5、420ps/10750rpmとなっている。2年間使用され、1度だけ優勝している。

1967年に、コベントリー社に代わって、新しいエンジンメーカーであるコスワース社が歴史に残る名エンジンDFVを開発する。フォードの財政的支援を得て新進気鋭の技術者が開発したもので、1967年に登場した。

3リッター時代の初期に登場したイギリスのBRMチームによるH16型エンジン。最も複雑なF1エンジンといえる。

V型8気筒で、コンパクトで燃焼効率に優れたエンジンであり、DOHC4バルブで、燃焼室をコンパクトなペントルーフ型にするなど、新世代のエンジンとなっていた。

ホンダが3リッターエンジン時代の3年でわずか1勝しかできなかったのも、チーム

下は3リッターホンダV12気筒エンジン。右は1967年に登場したコスワースDFVエンジン。

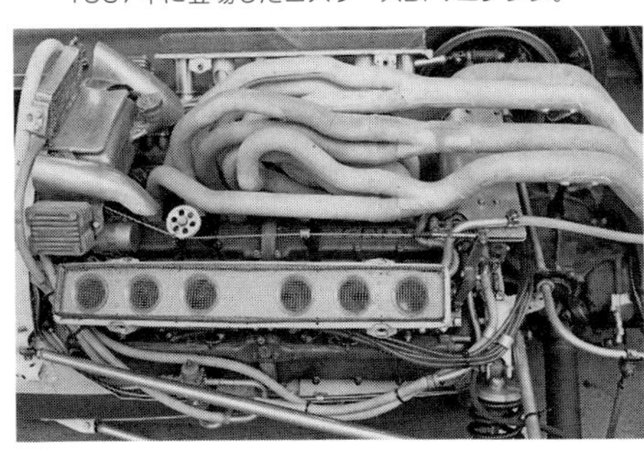

3リッターのホンダF1では、1967年のイタリアグランプリで貴重な1勝をデッドヒートの末に上げている。ドライバーはジョン・サーティーズ。

体制に問題があったせいだけでなく、DFVエンジンというホンダにない総合力に優れたエンジンが登場したからでもある。

エンジンが大きく重くなっても、そのパワーで圧倒しようとしたのが、この時代のホンダの特徴であった。コンパクトで性能の良いエンジンが登場すると、H16のような変わり種エンジンの存在は許されなくなる。DFVエンジンの登場後は、フェラーリのボクサー12気筒がそのライバルとなり、1970年代終わりにルノーによって試みられたターボエンジンが威力を発揮するまでは、F1の世界もエンジンに関しては、あまり波風が立たない時代が続いたのである。

第2章
ユニークなディーゼルエンジンの話

ホンダがヨーロッパへの輸出増大を狙って開発したディーゼルエンジン。コモンレール式燃料噴射装置が採用されている。

燃費がクルマにとっての大きな関心事になるにつれて、日本でもディーゼルエンジンに対して注目されるようになった。乗用車の場合は、ヨーロッパではそのシェアがかなり多いが、日本ではそれほどではない。

もともと熱効率に優れたディーゼルエンジンは燃費が良いのが特徴であるが、ガソリンエンジンに比較すると燃料の噴射圧力を高めるために高圧燃料噴射ポンプと精巧なインジェクターノズルが必要であり、コストのかかるものになっている。その上、同じ排気量ではガソリンエンジンよりも出力性能で劣る。燃焼時に独特の騒音を発生するなどのため、乗用車用としては安っぽいイメージが定着してしまった。経済性を重視するトラックではディーゼルエンジンが使用されるが、乗用車ではあまり使用されないのは、ヨーロッパのように走行距離が長くないからでもある。燃費の良さは、車両価格の高さを燃料でカバーできるような使い方をするほうが少数派であることから、日本の乗用車メーカーはディーゼルエンジンの開発に熱心ではなかった。

排気規制が強化されるにつれて、ディーゼルエンジンでは煤などの粒子状物質PMの排出量を大幅に削減する必要に迫られたことで、その対策にかなりのコストを掛けなくてはならなくなっている。PMを減らすためには燃料の噴射圧力をさらに高めて燃焼を良くすると効果的だが、そうなると、もう一つの規制が厳しい窒素酸化物NOxの発生量が多くなる。どちらも削減するとなると触媒も含めてかなり高価になる装備が必要になり、さらなるコスト増を余儀なくされる。

今日では、高圧のコモンレール式燃料噴射装置を採用するようになっているが、排気規制をクリアするためにPMを捕集するDPFとともに、NOxの発生を抑えるためにクールEGRなどを備えることも当たり前になっている。ガソリンエンジンに比較すると、エンジンにかかるコストは増える一方である。性能に関しては、ターボチャージャーを装着することでカバーすることが可能であり、嫌がられた騒音などもかなり改善されている。

しかし、コスト高は簡単に解決する見込みが立たない。

日本では、これまではトラック・バスメーカーがディーゼルエンジンの開発の中心になってきた。それもあって、排気量の小さいエンジンではガソリンエンジン、大排気量ではディーゼルエンジンという棲み分けが進んでいた。トヨタや日産などもディーゼルエンジンをつくっていないわけではないが、乗用車用としては明らかに主流ではなく、したがって開発に動員される技術者の数や投入される開発資金は、ガソリンエンジンよりもはるかに少ないものになっていた。それだけ、技術的な蓄積が少ないのである。

しかし、トラック用としてみた場合は、日本でのディーゼルエンジンの歴史は戦前からのことで、ヨーロッパに比較して大きく遅れたものではない。それというのも、陸軍が輸送用トラックにディーゼルエンジンを搭載することに熱心だったからである。

※

ルドルフ・ディーゼルによって軽油を燃料として圧縮着火させるエンジンが発明されたが、自動車用エンジンとして小型化されるには、ボッシュによるコンパクトな燃料噴射ポンプの量産が欠かせなかった。ボッシュ社によって量産されるようになったのは1928年で、これを契機にしてドイツをはじめ、ヨーロッパでトラック用にディーゼルエンジンが搭載され、メルセデスがいち早く乗用車にも搭載した。

こうした動きをとらえた日本の陸軍は、ディーゼルエンジンのトラック開発に力を入れるように自動車メーカーやエンジンメーカーに働きかけた。1930年ころのことだから、ヨーロッパにあまり遅れていない。

陸軍がディーゼルエンジンの開発に熱心だったのは、ガソリンはなるべく航空機用に使用し、トラックは軽油にしたいという思いが強かったからだ。ディーゼルエンジンは石油から取れる軽油だけでなく、植物油など代替燃料を使用することも可能であるというのも大きな理由だった。

トヨタや日産はガソリンエンジンのトラックを量産することになっていたから、いすゞの前身となる東京自動車工業などに期待が集まり、同社もそれに応えるかたちでディーゼルエンジンの開発に取り組んだ。

戦後になって、民需に転換したいすゞはディーゼルトラックの分野でリードし、ディーゼルエンジンに関しては多くのノウハウを蓄積した。

戦前からバスなどでディーゼルエンジンの開発をしていた三菱も、戦後は航空機産業が禁止されたこともあって自動車メーカーとしてディーゼルエンジン搭載のトラックやバスに力を入れた。いすゞから1941年に分離して戦車用空冷ディーゼルエンジンを生産していた日野自動車も、大型から参入してトラックやバスの生産で実績をつくった。日産ディーゼル(後のUDトラックス)も戦前からディーゼルエンジンをつくった実績を持ち、この四つのメーカーが中・大型トラック・バスの分野でシェアを分け合うかたちで今日まで来ている。

ディーゼルエンジンの場合は、燃えやすい軽油を使用するとはいえ、スムーズに燃焼させることが課題だった。そのために、熱効率では直接噴射式燃焼室のほうが優れているが、長いあいだ副室式が主流となっていた。副室式のうち、大排気量は予燃焼室式、比較的小排気量は渦流式が選択されていた。

燃料の噴射圧を上げたりポート形状の工夫でスワールを発生するなどして直接噴射式エンジンが登場するようになるのは1970年代に入ってからで、燃費がよいことの重要度が増したからである。4メーカーの競争もあり、エンジンでハンディキャップを持つことは許されなかったから開発競争は熾烈で、主流となる直噴エンジンの開発にそれぞれにしのぎが削られたのである。

その間に、さまざまなタイプの直噴エンジンが登場したが、現在は排気対策、性能と燃費の兼ね合いなどの課題にとり組んで、コモンレール式燃料噴射装置付きエンジンが主流になっている。そして、地球環境の問題など、CO_2の排出の減少が要求されるようになって、乗用車用としてもディーゼルエンジンがさらに注目されてきて、日本の乗用車メーカーも無関心ではいられなくなっている。

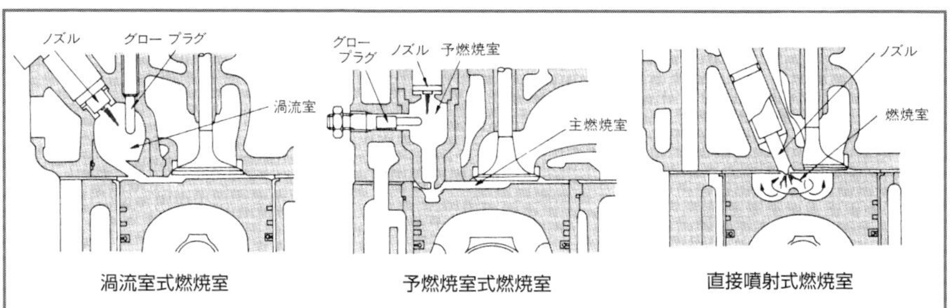

ディーゼルエンジンの燃焼室には主として上の三つのタイプがある。このうち、渦流室式は主として乗用車など比較的排気量の小さいエンジンに用いられ、予燃焼室式は大きなエンジン用だった。これらよりも熱効率に優れた直噴式が現在は主流になっているのは、燃費も良いからで燃料の噴射圧力が高められて普及するようになった。

日産ディーゼルの2サイクル対向ピストンエンジン

1935年(昭和10年)12月に設立された「日本デイゼル」は、「鐘淵デイゼル」となり、戦後は「民生産業」と名乗り、自動車を中心にすることから「民生ディゼル」となり、「日産ディーゼル」となっている。つねに社名にディーゼルの名前を付けているように、創業当時から一貫してディーゼルエンジン以外の動力には関係していない日本で唯一の自動車メーカーである。

ドイツの航空機エンジンメーカーであるユンカース社が開発し、クルップ社がトラック用に改良した2サイクル対向ピストンのディーゼルエンジンに関する特許を取得することによって、ディーゼルエンジンの国産化を図ろうとして誕生した。

この特殊な機構を持ったディーゼルエンジンを国産化するのは時代の要請にかなったことと考えたようだ。このトラック用ディーゼルエンジンは、大砲製造で有名なクルップ社だけでつくられていた。クルップ社は、ルドルフ・ディーゼルが19世紀の末に軽油を燃料にして圧縮着火により作動するエンジンの開発に取り組むときに資金援助をしている。

日本デイゼルは、このエンジンの特許権を取得して製造し、飛行機や自動車用に販売する計画で、将来的には自動車製造まで計画する考えを持ったのだ。

●その際だったユニークさ

最初に国産化された単気筒の対向ピストン・ディーゼルエンジン。

日本デイゼルが技術提携して導入したディーゼルエンジンは、ドイツ本国においても自動車用としてはきわめてユニークなものであった。このエンジンを日本でライセンスを取得して生産するに当たって、それがきわめて特殊な機構であるという認識は持っていなかったようだ。主流の機構でないことは理解していたにしても、名にしおうドイツの航空エンジンを開発したユンカース社が開発したものであること、同じくドイツの大企業であるクルップ社で生産している事実があれば、それだけで信頼するに足る機構であると判断したようだ。

このエンジンは、2サイクルにすることで出力を確

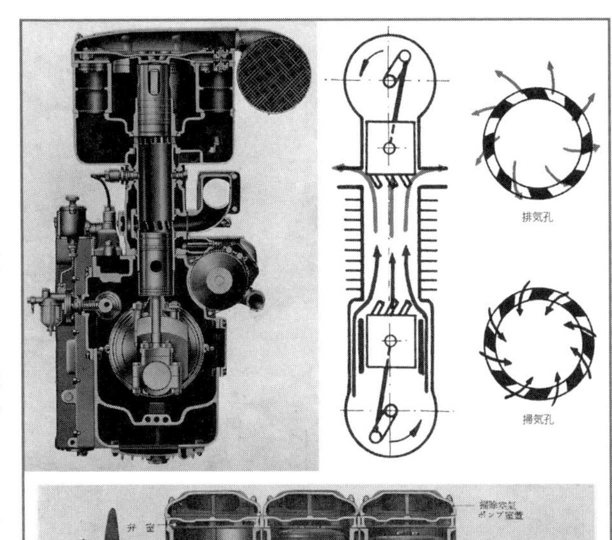

上右図はユンカース製のクランクシャフトを上下に持つタイプで、上左はクルップ社製エンジンを日本デイゼルが国産化したもの。掃気方法は同じである。下図でみるように細長いシリンダーは上方が96mm、下方が144mmのストロークとなっている。

保し、ディーゼルエンジンにすることで燃費の良さを獲得しようとする野心的な試みであった。

対向ピストンを採用したのは、2サイクルエンジンにとってもっとも重要である掃気を促進し、ディーゼルエンジンにとって生命線である燃焼をスムーズにするためである。

ユンカースの2サイクルディーゼルは、クランクシャフトが両サイドにあり、シリンダーは非常に長くなっていて、そのシリンダーの中に二つのピストンが向かい合って作動する。一つのピストンが排気ポートを開くと、対向するピストンが吸気ポートを開くようになっている。シリンダー内で二つのピストンが同時に中央に向かって運動するから掃気が促進され、強い渦流が発生する。このため、燃料を中央部で噴射すると霧化が進んで良い燃焼が得られるようになる。ピストンが上死点付近に来たときに高温となった空気中に、スプレー状に燃料が噴射されるので燃料と空気がよく混じり合う。

ディーゼルエンジンの燃焼室形式としては直接噴射方式である。掃気するために送り出す新気(吸入空気)は、勢いよく吸入されるように掃気ブロアが備えられている。

ほとんどのディーゼルエンジンがバルブ機構を持つ4サイクルであるのに対して、2

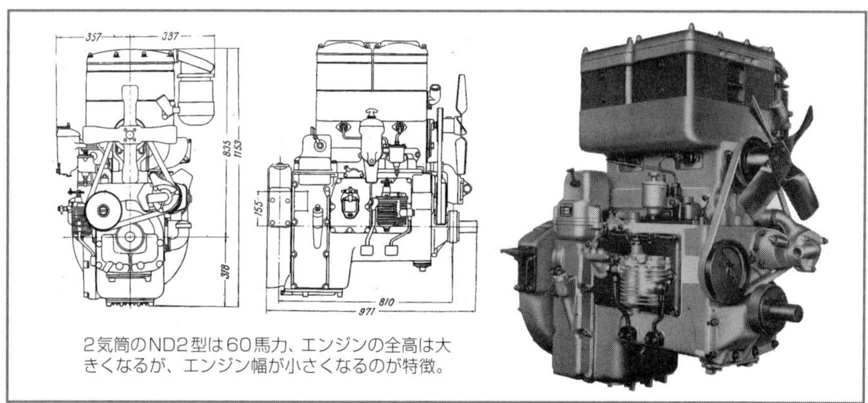

2気筒のND2型は60馬力、エンジンの全高は大きくなるが、エンジン幅が小さくなるのが特徴。

サイクルにしたのはユンカースならではの考え抜かれた機構であった。ユンカース製では、動力は二つのクランクシャフトをギアトレインで結んで駆動軸に伝達される。これに対して、クルップ製のエンジンは下側にだけクランクシャフトがあり、上側端にあるピストンはクランクシャフトからの動力で上下させる機構になっている。この点ではユンカース製の航空用エンジンとは異なっている。トラック用としては、機構をシンプルにするために上側にもクランクシャフトを配して機構的に複雑になることを避けたと思われる。そのために、ユンカースエンジンよりもパワーロスは大きくなっていた。

その後に他のメーカーで同様の機構のエンジンをつくっていないことから、異色のエンジンであった。シリンダーは長く、しかもエンジン幅は薄くなるので、シリンダーブロックは剛性を確保したものにする必要がある。

このために、日本デイゼルでつくられたエンジンは箱形になっている。この機構のエンジンでは、シリンダーの数を直列的に増やすのは比較的容易なので、必要に応じ

左が３気筒のＫＤ３型90馬力エンジン。排気量は4100ccとなっている。右の４気筒ND4型はブルドーザーに搭載されたもの。

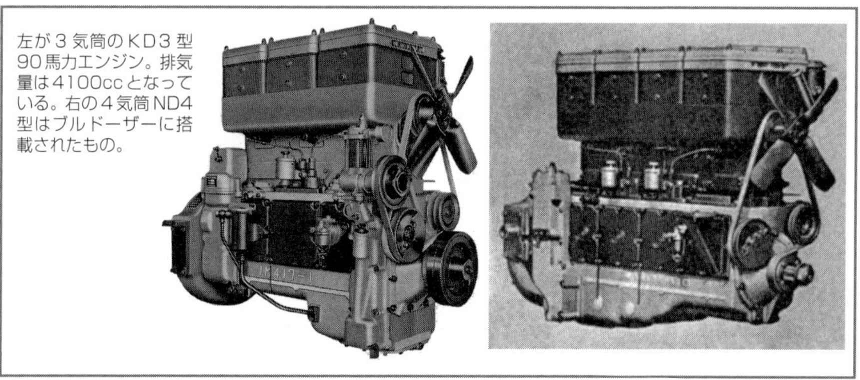

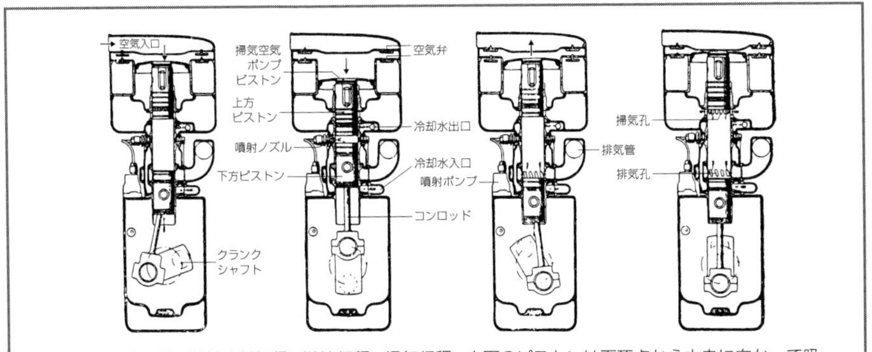

左から圧縮行程、燃料噴射行程、燃焼行程、掃気行程。上下のピストンは下死点から中央に向かって吸入空気を圧縮し、シリンダーの中央にある噴射ノズルから燃料を噴射して着火。燃焼による膨張で、ピストンはそれぞれに反対に動き、まず排気孔が開き、排気を逃す。その後に掃気孔が開いて、ポンプによって圧力をかけられた吸気が排気を押し、シリンダー内に吸気を満たす。燃焼室は直接噴射式。

て多気筒化することができ、いまでいうモジュール化により高性能エンジンにすることができるのも強みであった。

●エンジンの生産とその後の展開

このディーゼルエンジンのライセンスを得て量産に入るべく、日本デイゼルでは埼玉県川口市に工場を建設、陣容を整えてドイツからエンジン製造のために3名の技師を招請し、技術者1人をドイツに派遣するなどして準備した。このあいだにクルップ社からエンジンだけでなく、自動車用シャシーもとり寄せ、自動車の組み立てをすることになった。

最初の2サイクルディーゼルエンジンが完成したのは1938年(昭和13年)11月で、これは2気筒60馬力だった。エンジンのテストはきわめて順調であった。このエンジンを搭載した3.5トン積みトラックの試作1号車をつくり、1939年後半になってから走行テストをくり返した。

トラックには、2気筒60馬力エンジンと3気筒90馬力エンジンを搭載したものがつくられたが、陸軍の方針によりディーゼルトラックはいすゞに集中することになり、生産されたエンジンの多くは、ブルドーザーや船舶の動力として用いられた。当初ND型という名称だったエンジンは、織物で財をなした鐘淵紡績が資本参加して鐘淵デイゼルと社名を変更した際にKD型と改称された。

戦後の再出発に際して同社は民生産業を名乗り、このエンジンを生かす活動しか方法はなかった。第二次世界大戦の前後10年ほどのあいだは世界的に技術的な進化は停滞していたので、とくに古めかしい印象を与えなかったともいえるし、そこそこに性能を発揮すれば引き合いがある時代でもあった。

日産トラック680型と共通のボディを持つミンセイTS21型トラックにはKD2型エンジンが搭載された。

疎開で機械類を移動しており、また老朽化が進んでいて、修理などに手間取りながら、船舶用あるいは建設機械用のディーゼルエンジンの製造などとともに、戦前につくったTA型トラックの生産を細々と再開した。在庫していた材料を使用してブルドーザーもつくり始めたが、1947年(昭和22年)にGHQから禁止され、トラック中心とならざるを得なかった。そこで、1949年にリアエンジンバスのコンドルをつくり、自動車メーカーとして歩み始めた。

経営が苦しくなり、能率を上げて生産するために使用に耐えられる機械類を川口工場と墨田工場に集約し、小さい工場は閉鎖することになった。

翌1950年5月に民生産業は清算されることになり、自動車関係の川口工場が民生ディゼルになり、船用エンジン部門の墨田工場が鐘淵デイゼル工業として分離独立することになった。そんなところに、日産自動車から民生産業でつくるディーゼルエンジンを日産トラックに搭載する話が持ち込まれた。

KD2型60馬力エンジンが日産に納入されるようになったのは1949年10月のことである。戦後すぐの段階で、普通車クラスのトラックは、ガソリンエンジン車が圧倒的だったが、1948年にいすゞがディーゼルエンジンを搭載してから、ディーゼルの占める割合は少しずつ増えていった。1949年には普通トラック・バスでは、ディーゼルエンジン車が全体の15%を占め、経済性に優れたディーゼルエンジン車は、さらに増大していく勢いだった。

日産では三菱重工から80馬力ディーゼルエンジンを購入して搭載しており、1949年12月には500基のエンジンを購入、M180型トラックとして発売した。

このころの日産は、ダットサンと普通トラックを生産していたが、ディーゼル車の生産は外部に委託した方が都合がよかった。そこで、安定した仕事を求めていた民生産業に日産がシャシーを供給して、川口工場でエンジンを搭載して完成車にすることになったのである。日産との提携が決まり、「民生ディゼル」は再出発することになった。1950年5月に新会社の発足と同時に、日産自動車の傘下にはいることになったのである。

これにより、同社は自前で開発したバスのコンドルのほかに日産から供給される部品をもとにディーゼルエンジンを搭載したトラックをつくるようになった。最初は日産180型トラックと同じもので4トン積み、その後5トンになった。このエンジンには2気筒のKD型60馬力が搭載された。

民生独自のスタイルのトラックも市場に投入した。これはミンセイTN93型(3気筒)で7トン積み、エンジンは2サイクル対向ピストンのKD3型90馬力ディーゼルである。エンジンの高さがあるのでボンネット高さも大きくなるが、全長が短くなるから、他のメーカーのトラックより荷台が長くできる利点があった。その後も10トン積みダンプトラックTZ10型を完成、ダムの工事現場で使用することを目的としたもので、このほかに6トン積みのTN95型もラインアップされた。

1953年には新しく4.5トントラックTS23型が加わった。このときにはKD2型が60ps/1500rpmから70ps/1800rpmに、3型が90ps/1500rpmから105ps/1800rpmに性能向上された。

●姿を消した理由

戦前から引き継いだ対向ピストン型2サイクルエンジンは、本場のドイツでも生産しなくなっていたから、戦後は日本の民生だけでつくられていた。3気筒のKD3型の場合は、ピストンは6個もっており、ボア・ストロークは85×96&144mmとなる。ストロークは上側と下側があり、排気量は2724ccとなり、最高出力は70ps/1800rpmと、三菱の4サイクルのディーゼルエンジンの5322ccエンジンと比較して10馬力小さいだけだった。エンジンの高さは大きくなるが全長が短くなるエンジンの特徴を生かして、リアエンジンバスをつくるなど特色を生かすことができた。

機構が複雑で音がうるさいのが欠点であり、通常のディーゼルエンジンのための噴射ポンプなどのほかに掃気ブロアを装着するなどコストがかかるものだった。

戦前・戦中は設計図どおりにつくることを心がけていたが、次第にエンジンの仕組みが分かってくるにつれて、同社の技術陣が独自に改良を加えるようになった。消音器を使用して騒音も抑え込めるようになった。したがって、戦後はこのタイプのエンジンでは民生がもっとも進んだものになったが、それゆえに、このエンジンの限界も分かるようになってきたのである。

これに代わる新しい機構のエンジンが必要になったのは、この機構ではエンジン回転を上げることがむずかしく、性能向上を図ることができなかったからだ。4サイクルディーゼルエンジンは燃焼室形状の改良などで性能向上を図ることができるので、各メーカーとも新開発エンジンを投入するようになると、競争力がなくなることが明らかであった。

日産ディーゼルの2サイクルUD(ユニフロー)エンジン

ミンセイトラックが大きく変わるのは1955年のことである。それまでの2サイクル対向ピストンのKD型シリーズに代えて、同じ2サイクルで機構の異なるユニフロー式(UD)ディーゼルエンジンを開発したのである。その頭文字をとってUD型と称し、このロゴマークをシンボルとして幅広く使用したことで、日産ディーゼルは「UD」というマークとともに発展した。

1956年に完成し、120馬力のUD3型、150馬力のUD4型、さらに少し遅れて230馬力のUD6型というラインアップを揃えた。機構的には前の対向ピストン型エンジンよりシンプルになったが、他のメーカーの4サイクルディーゼルエンジンとは異なり、依然として2サイクルとしたことで、これがミンセイの大きな特徴となった。このエンジンを搭載するために、デフまわりをはじめ、前後のアクスルなどのパワートレインを改良し、フレームもエンジン架装のために幅を広め、積載量の増強や長尺ものに対応して補強されている。

●特徴のある2サイクルディーゼルエンジン

1950年代に入って、新しいエンジンを開発することになったときに、せっかく2サイクルエンジンについて研究し経験を積んできたので、これを生かしたエンジンにしようという計画であった。

新たに開発されたエンジンは、ユニフロー式掃気の2サイクルディーゼルエンジンである。ユニフロー掃気というのは、2サイクルで普通に掃気するシュニューレ式に代表される横流れではなく、下から上へと縦に流れる方式である(101頁参照)。燃焼室に直接燃料を噴射させる直噴式であることもKD型と同じで、対向ピストンではなく、普通の直列型エンジンである。KD型エンジンでは新気を送り込む送風ポンプを使用していたが、それに代わってルーツ式ブロアになっている。

最初につくられた3気筒のUD3型。3705ccで110馬力を発生した。

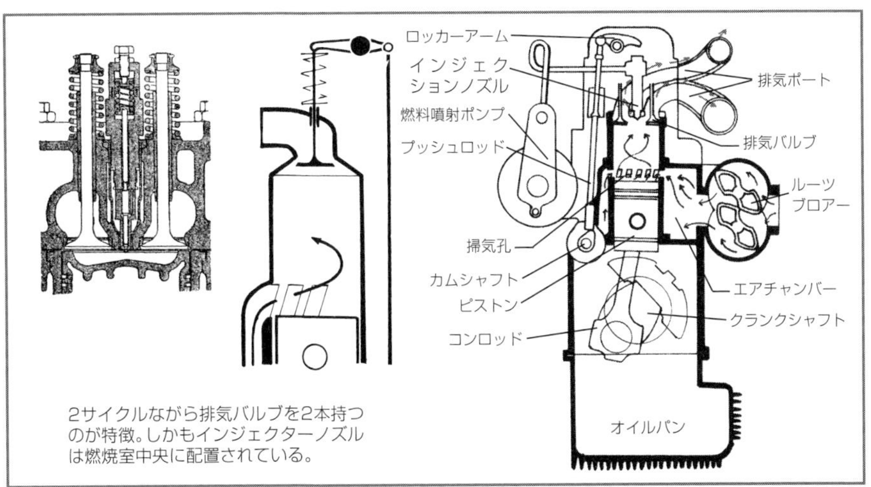

2サイクルながら排気バルブを2本持つのが特徴。しかもインジェクターノズルは燃焼室中央に配置されている。

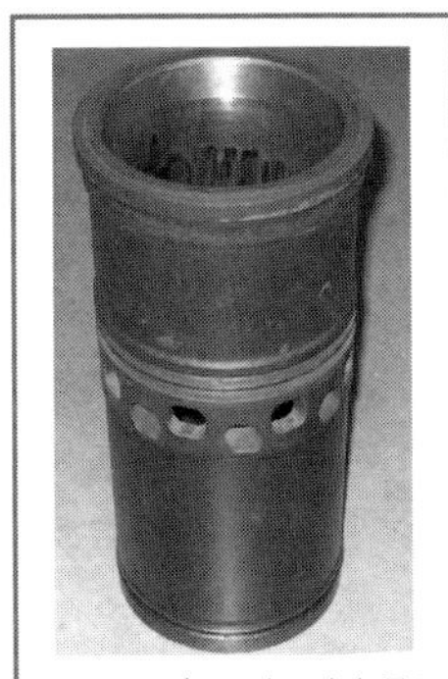
このエンジンのキーとなるシリンダーライナー。掃気孔にも工夫が凝らされている。

2サイクルエンジンは掃気によって吸排気されるので通常は動弁機構を持たないが、このエンジンは気筒あたり2本の排気バルブを持っているのが特徴である。ピストンが下降した際に掃気ポートから送られた吸気がシリンダー内に入り込み、シリンダーヘッドにある排気バルブが開いて吸気に追い出される。排気バルブは、4サイクルエンジン同様にシリンダーブロックにあるカムシャフトからのプッシュロッドを介したロッカーアームの動きで開閉するOHV型である。排気・吸入行程で上にあるバルブが開いて排気が排気ポートに押し出されるので、掃気は縦の一方通行(ユニフロー)になる。

繭型をしたルーツブロアーはスーパーチャージャーに用いられるものと同じで、カムと同様にクランクシャフトからの動力がギアで伝えられ作動する。シリンダーに挿入されるライナーはウエット式で、シリンダーの上部半分がウォータージャケットと接触し、下半分がエアチャンバー(空気溜め)になっている。ライナーの掃気孔の切り欠きが上向きになっていて、ピストンが下降した際に勢いよくシリンダー内に新気が送り出される。このライナーは特殊鋳鉄製でスーパーフィニッシュされている。

燃料のインジェクターノズルはシリンダーヘッドの中央にあり、ピストンの頭頂部がトロイダル型をした燃焼室になっている。2サイクルの性能を左右する掃気がスムーズになることで燃焼効率がよく、機構的にシンプルであるから発生馬力に対するエンジン重量は軽くなるというメリットのあるエンジンであった。

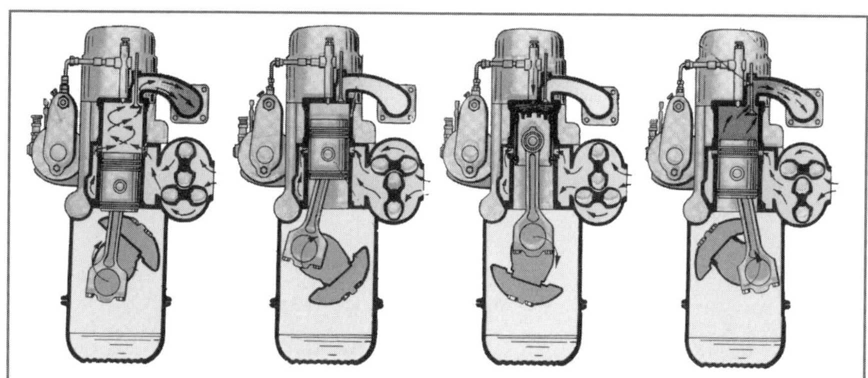

左から掃気、圧縮、燃焼、排気の行程を示す。ルーツブロアーで流速を高められた新気がシリンダーライナーの掃気孔から勢いよくシリンダーに吸入されて、排気を押し出す。その後、ピストンにより圧縮され、さらに燃焼行程に移行、ピストンが下降して下死点に近づくと排気バルブが開く。

トルクが広い回転領域で変化の少ないことも有利な点であった。ボア・ストロークは110×130mmがベースとなっていて、排気量の増大には気筒数を増やすことで並列につなぐことができる。これもモジュールによる多気筒化が図られるエンジンである。3気筒のUD3型は3705cc、最高出力110ps/2000rpm、最大トルク42.5kg-m/1300rpm、4気筒のUD4型は4940cc、最高出力150ps/2000rpm、最大トルク56.5kg-m/1300rpm、ともに圧縮比16、3気筒のエンジン重量は590kg。リッターあたり30馬力というのは当時にあっては群を抜いた数値である。その後、5気筒200馬力、6気筒230馬力、過給器付きの330馬力仕様などパワーアップされたファミリーエンジンがつくられて、性能向上競争に対応している。

このユニークな2サイクルディーゼルエンジンのオリジナルは、アメリカのゼネラルモーターズで開発されたものである。1930年代にフォードを抜いて最大の自動車

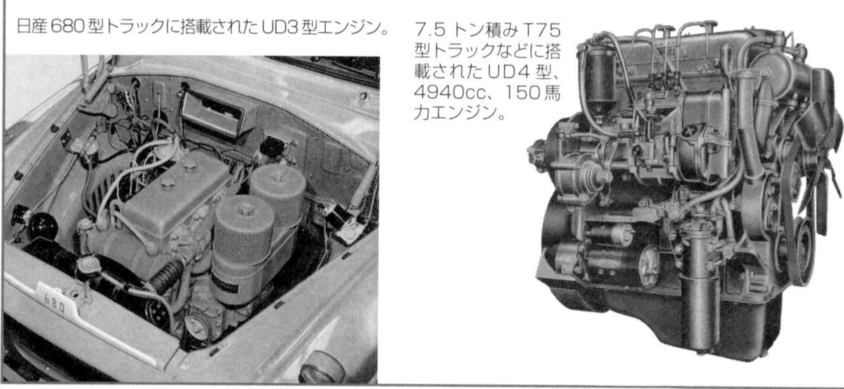

日産680型トラックに搭載されたUD3型エンジン。

7.5トン積みT75型トラックなどに搭載されたUD4型、4940cc、150馬力エンジン。

メーカーとなったゼネラルモーターズは、自動車だけでなく関連する多くの工業製品メーカーでもあった。

2サイクルディーゼルエンジンは、鉄道車両で蒸気機関に代わる動力として開発され、舶用や大型バスにも使用された。特に1950年代はグレイハウンドバスとしてアメリカの長距離路線に使用される大型バスの動力として、かなりのシェアを占めていた。

V型8気筒のUDV8型エンジン。330馬力を発生。大型トラクターなどに使用された。

日産ディーゼルで新しいエンジンを開発するに当たって欧米のディーゼルエンジンを調査して、このユニークなエンジンに注目、これをモデルにして独自に国産化したのがUD型エンジンである。同じ2サイクルエンジンを長年にわたって生産していたので、その良さがよく理解できたからであった。

●その後の展開

3705ccのUD3型ディーゼルエンジンは、日産610型トラックに搭載されているが、同じ610型に搭載される4000ccOHV型になった日産製のP型ガソリンエンジンより最大出力で数馬力低いだけである。

日産ディーゼルで製造する自社ブランドトラックで主力となったのは、UD4型150馬力エンジンを搭載する7.5トン積みのミンセイT75型トラックである。さらに、UD6型を搭載するミンセイ6TW型6輪高速重トラックは、10.5トン積みで20尺(約6060mm)という長いボディにしてUD6型230馬力エンジン搭載、1950年代にあっては、このトラックが我が国では最大の積載量であった。低速で大トルクを発生するので、このトラックを好むドライバーが多かったといわれている。また、3気筒のUD3型110馬力エンジンを搭載したTS50型は5トン積みトラックでダンプ、タンクローリー、トレーラーなどの特装車としても使用された。

民生ディゼル工業が、社名を日産ディーゼル工業に変更したのは1960年12月、日産の傘下に入って10年目のことである。そのあいだに単にディーゼルエンジンの供給とトラックの組立という下請け的な企業から、日産傘下のトラック・バス部門をになうメーカーとして重要度を増してきた。それは、日産自動車そのものの企業規模の拡大とも連動している。

もし日産の資本が入って子会社になっていなければ、あるいは池貝自動車などと同じように自動車部門から撤退しなくてはならない事態になっていたかも知れないが、日産自動車が小型車を主力にすることで、トラック・バス部門のメーカーとしての活動が保証されたのである。独自にエンジンをつくれる技術を持っていた日産ディーゼルは、2サイクルというユニークなエンジンをベースにして時代の変化に即応して新しいエンジンを開発、自動車メーカーとしての存在感を示した。

1960年にはキャブオーバートラックT8C型が登場。上はベースとなったT8型8トン積み。UD4型エンジン搭載。

1966年にはこのエンジンが大きな改良を受けた。掃気の効果を高めて高回転化を図るために、OHV型のカムシャフト位置を高くしてプッシュロッドを短くし、それまで2バルブだった排気バルブを4バルブにしている。排気バルブだけをひとつのシリンダーで4本というのは空前絶後のことである。これにより、2サイクルとして掃気が促進され、3気筒エンジンは135馬力、4気筒エンジンは175馬力に向上、そのときのエンジン回転数も2400rpmに引き上げられている。

また、6気筒は220馬力となったものの、高速道路網の整備によるトラックの大型化が進んでいくことに対応してV型8気筒エンジンとV型12気筒エンジンを新しくラインアップした。前者は330馬力、後者は500馬力と、高性能化時代に対応したエンジンとして威力を発揮した。

1966年に改良されたUD型エンジン。カムシャフトの位置が高くなり、排気バルブ4本となった。

2サイクル特有の掃気システムは、4サイクルのメリハリのある吸気及び排気システムに比較すると、排気規制が進んでくると対応することがむずかしくなった。このエンジンに代わる新しい4サイクルディーゼルエンジンが日産ディーゼルから登場するのは、1969年3月のことである。排気・騒音規制が実施されようとしており、燃費性能を良くすることの重要度が増したことにより、これまでの2サイクルエンジン路線のまま1970年代を迎えることは好ましくないという判断がなされた。時代の流れであった。

日野自動車のM燃焼方式直噴ディーゼルエンジン

1973年のオイルショック後は、燃費性能がさらに重要視されるようになったが、それ以前からトラックの燃費性能の向上は開発の大きな課題となっていた。予燃焼室式や渦流室式燃焼室のディーゼルエンジンよりも直接噴射式燃焼室にしたほうが、熱効率はよくなるから、1960年代の後半から各メーカーは新しいエンジンでは、直噴式にするための開発に力を入れるようになった。直噴式では、ピストンの頭頂部に燃焼室が形成されるので、燃焼室の表面面積が副室式より小さくなるので、熱損失も少なくなり燃費が良くなる。その反面、燃料と空気の混合がむずかしいために煤などの発生が多くなりやすく、騒音も大きくなる傾向があった。

予燃焼室式や渦流室式燃焼室という副室式が主流となっていたのは、当時の400〜800気圧という燃料の噴射圧力で燃焼させるのにふさわしい方式だったからだ。副室で燃焼させた火炎を勢いよく主燃焼室に導いて空気との混合を進めて燃焼させる必要があった。直噴式にするには、燃料の噴射圧力を高めると良いが、そのためには高圧燃料ポンプが必要であり、インジェクターノズルも精巧にしなくてはならない。副室式に比べると空気と混合するための時間も短くなるから、各メーカーは吸入ポートをヘリカル方式にするなど強いスワールを発生させる研究を進めていた。

ちなみに、今日はコモンレール式燃料噴射装置やユニットインジェクターなどの採用により、燃料の噴射圧力は1600気圧以上になっており、さらに電子制御技術が導入されているので、いわば別次元のエンジンになっている。ここで採り上げる1970年代初めのエンジンでは、直噴式にするのは未知の分野への挑戦であったのだ。

●日野の赤いエンジンの開発

日野自動車がトヨタと提携してトラック・バス部門の開発に専念することになったのは1967年、そのころからトラック部門でトップのシェアを獲得することを目標にした。そのために、大型部門でいち早く直接噴射式燃焼室の実用化をめざした。そこで目をつけたのが、ドイツMAN社のM燃焼室式直噴エンジンであった。それまでの副

日野自動車の最初の直噴エンジンとして登場した直列６気筒EDエンジン。

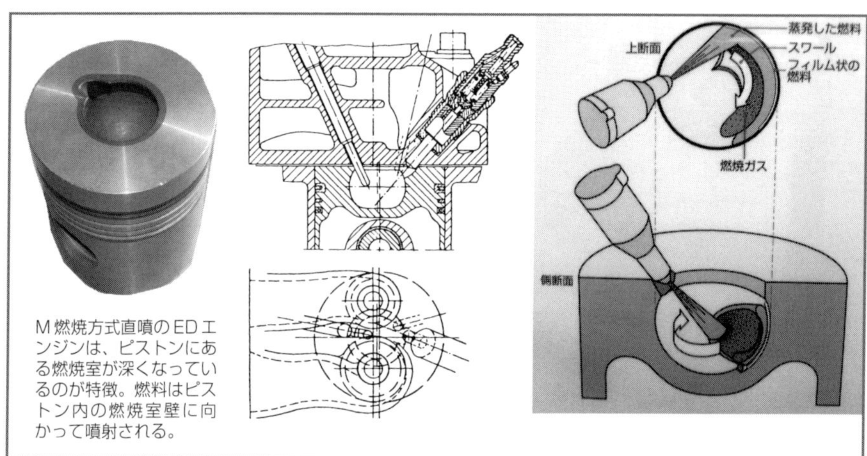

M燃焼方式直噴のEDエンジンは、ピストンにある燃焼室が深くなっているのが特徴。燃料はピストン内の燃焼室壁に向かって噴射される。

室式燃焼室と同じ噴射圧力の燃料ポンプとインジェクターノズルのままで直噴式にできるという利点に注目したのであった。

そのために、ピストンにある燃焼室は、たこつぼ型といわれるように比較的深い形状になっているのが、このエンジンの大きな特徴である。吸入空気は入り口径を絞って燃焼室内にスワールを強く発生するようにして、副室式に使用されているのと同じ形状のノズルから燃料を燃焼室の壁にそって噴射する。この時代はまだOHV型2バルブで、インジェクターノズルはセンターではなく、斜めに取り付けられている。

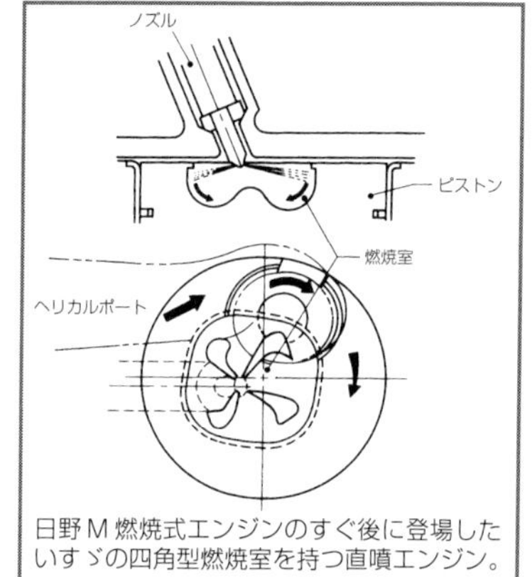

日野M燃焼式エンジンのすぐ後に登場したいすゞの四角型燃焼室を持つ直噴エンジン。

噴射された燃料は、ピストンの凹み部分にある燃焼室内の壁にそって膜状に広がって、高温に圧縮された空気の強いスワールによって気化・混合し、燃焼する。この場合、ピストンが高温に保たれているのを利用するのが、このエンジンの狙いである。燃焼の速度はピストンの温度によって決められるために、低回転時にはオイルジェットによりピストン温度をやや低めに制御する。いわゆる蒸発燃焼するので、静かであるというのがメリットのひとつであった。

しかし、エンジンの始動など冷間時には燃料の気化が進まないから、暖機されるまでは燃焼がスムーズに行われない。そのために、白煙が発生し炭化水素HCの発生が多くなり、臭気が伴うという欠点を有していた。

日野のこのエンジンの噴射ノズルは2孔式で、95%が燃焼室壁面に当たるように噴き、残りの5%が空中に噴射させて着火源とする。10トントラック用として開発されたもので、直列6気筒、ボア・ストロークは128mm×150mm、1158cc、260ps/2300rpm、最大トルクは88kg-mだった。

●その展開

1971年7月に登場し「赤いエンジン」として直噴式をアピールしたことが成功して、日野は大型トラックの分野でシェアを伸ばすことに成功した。シリンダーブロックの表面を赤く塗って市場に登場させるなど、なかなかの演出であった。

これに次ぐ直噴エンジンは中型用で、いすゞから登場している。中型用5400cc、145ps/3400rpmで直列6気筒で、四角燃焼室といわれる直噴式であった。その後の主流になるトロイダル式に近い形状の燃焼室であるが、ピストンは四角くえぐられて比較的深皿タイプとなっている。日野のエンジンと同じように吸気ポートはヘリカルタイプとなっているが、四角くしたのはスワールの強さに関して低速時と高速時でのバランスをとるためであった。

ED100型エンジン。赤いエンジンとしてシリンダーブロックなどは赤い塗料が塗られて、直噴エンジンであることをアピールした。

ピストンスカートが長くなるためにピストンリングは4本となっていたが、トップリングの溝のインサートと球状燃焼室入り口をニレジストで一体鋳造していた。シリンダーライナーはウエット式とし、ヘッドガスケットはスティール製の薄板が使用された。

ヨーロッパでは、始動時などの未燃焼ガスにより発生する臭気もあまり問題にされなかったが、日本では好ましいこととは受け取られなかった。その対策として、始動時などでは3気筒ぶんの燃料をカットして、残りの3気筒のみを作動する方式が取られた。

その後、高圧の燃料噴射ポンプと多孔式インジェクターノズルが実用化して浅皿型のリエントラント燃焼室が主流になった。しかし、このエンジンではターボを装着するのは熱的に厳しくなるので無理であり、このM燃焼室のエンジンに代わって、オーストリアにあるエンジン研究所のAVL研究所の技術協力を得て、その後の主流となる浅皿形状のトロイダル燃焼室の直噴エンジンを実用化して市場に投入している。これも引き続き赤いエンジンとして直噴エンジンであることをアピールした。

ダイハツ1000cc3気筒ディーゼルエンジン

日本の乗用車用エンジンでは、ディーゼルは圧倒的に少数派である。ディーゼルエンジンで実績のあるいすゞも、乗用車はガソリンエンジンがずっと主流だった。1960年代に、小型トラックではいすゞエルフが2リッターのディーゼルエンジンで成功したものの、このエンジンを乗用車用にしていすゞベレルに搭載しても支持を得られなかった。かえって、振動や音などのせいで敬遠されてしまった。日本では、タクシーなどのように走行距離をかせぐクルマでは経済性に優れたディーゼルエンジンが最適なはずだが、ディーゼルエンジンが小型車クラスで普及するかに見えたときに、LPG(液化石油ガス)エンジンが登場、ガソリンエンジンをわずかに改良しただけで使用できることからタクシーなどに使用され、ディーゼルエンジンの普及が進まなかった。

しかし、1973年のオイルショックがあって、乗用車用ディーゼルエンジンが増えてきたが、どちらかといえば法人の営業用など走行距離を重ねる使い方をするところに限られる傾向があり、一般ユーザーに広く使用されるほどではなかった。一時的にブームに見えることもあったが長続きがせず、燃費を良くするのもガソリンエンジンの技術開発が日本では中心となっていた。

1980年代になって、ヨーロッパではディーゼルエンジン乗用車がシェアを伸ばすようになり、各メーカーが開発に力を入れるようになった。以前からディーゼルエンジンの開発に熱心だったメルセデスのような高級車メーカーだけでなく、VWでも1500ccクラスの小排気量ディーゼルエンジン搭載車を出すようになった。このエンジンが注目されたのは、ガソリンエンジン用シリンダーブロックを補強してディーゼル化したことで、軽量コンパクトであることだった。ディーゼルエンジンのデメリットとされるエンジン重量が大きくなるのを抑え、ある程度の高速回転エンジンにすることで、ディーゼルエンジンの守備範囲を広げることに成功したのだ。

1983年シャレードのモデルチェンジの際に登場した1000cc3気筒ディーゼルエンジン。

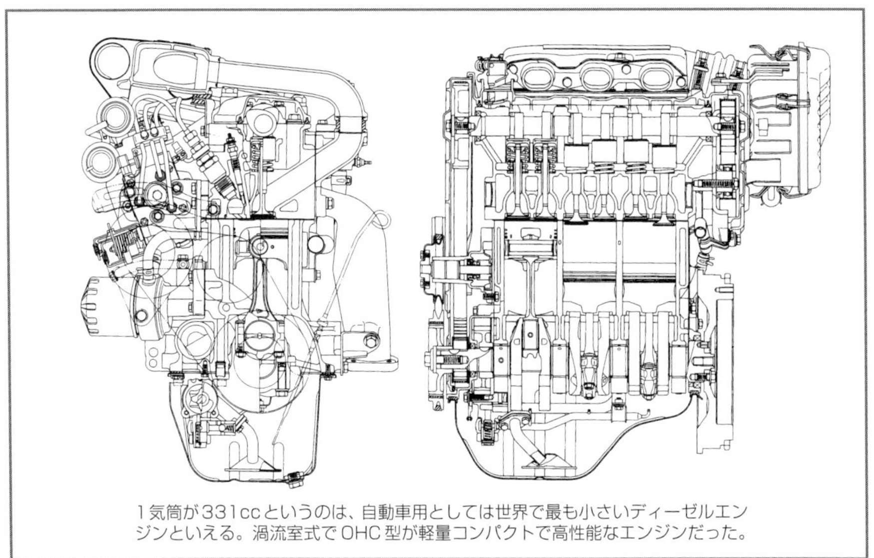

1気筒が331ccというのは、自動車用としては世界で最も小さいディーゼルエンジンといえる。渦流室式でOHC型が軽量コンパクトで高性能なエンジンだった。

こうした国際的な流れのなかで、ダイハツはそれまでにない小排気量のディーゼルエンジンを小型大衆車であるシャレードに搭載して1983年1月に発売した。

●ユニークなのは世界最小ディーゼルエンジンであること

それまでの乗用車用エンジンは、直列4気筒以上のマルチシリンダーであったから、ダイハツの3気筒ディーゼルは世界初となるものである。しかも、993ccとエンジン排気量の小ささでも類をみないものだった。ボア・ストローク76mm×73mmはシャレードに搭載されるガソリンエンジンと同じスペックで、これをベースにして開発されたものである。

燃焼室は渦流室式を採用している。この時代の乗用車用ディーゼルエンジンでは、メルセデスが予燃焼室式を採用している以外は、ほとんど渦流室式となっている。副室燃焼室から渦流となった火炎が主燃焼室に吹き出す方式なので、排気量が比較的小さいエンジンに採用される機構だった。動弁機構はOHC型2バルブ、シリンダーヘッドは、軽量及び放熱性に優れたアルミ合金を使用、燃料ポンプは分配型VEポンプを採用している。これらは、この時代の小型高速ディーゼルエンジンとしては定番となっている機構である。

ディーゼルエンジンの場合は、ひとつのシリンダー容積がある程度大きい方が有利である。燃焼をスムーズにするためには燃料噴射系のコントロールが不可欠で、噴射量が少なくなるとそのコントロールがむずかしくなる。圧縮比を上げにくくなり、空

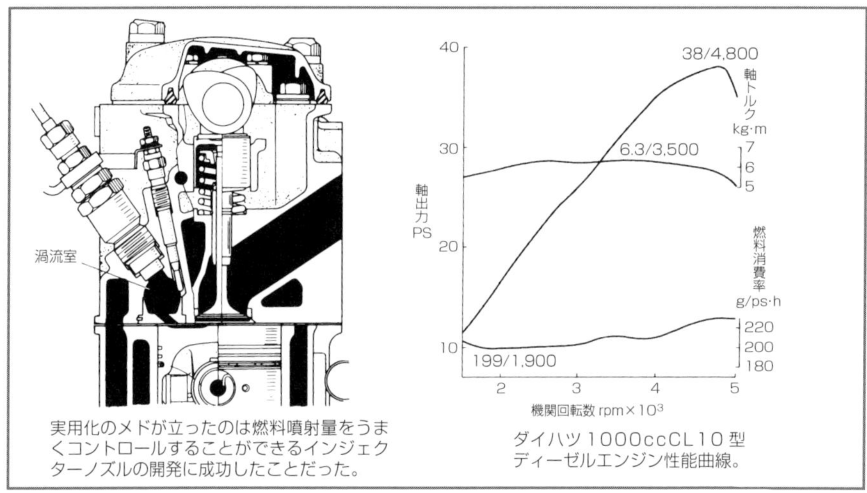

実用化のメドが立ったのは燃料噴射量をうまくコントロールすることができるインジェクターノズルの開発に成功したことだった。

ダイハツ1000ccCL10型ディーゼルエンジン性能曲線。

気温度を高めて圧縮着火するのに不利な条件になること、燃料の気化混合でも不利であり、燃焼室が冷えやすいので、パワーと燃費、静粛性などのバランスを取りにくくなることなど、小排気量になると良くない条件がそろう。そのために、ディーゼルでは400ccが1気筒の小ささの限界といわれており、ヨーロッパのメーカーも4気筒1500～1600cc以下のエンジンを開発しなかったのだ。

リッターカーとして登場させたシャレードに、ディーゼルエンジンを搭載することで、ダイハツはその経済性をアピールすることに挑戦したのである。

小排気量にすることの不利を克服する手段として、フリクションロスの低減、慣性過給効果の利用などとともに、インジェクターノズルを独自に開発して対応している。ダイヤカット噴射ノズルと称されたノズルにより、燃料噴射を微妙にコントロールすることで、燃料の微粒化と空気との混合を促進させている。このノズルの実用化により1000ccディーゼルエンジンが登場したといえる。

このエンジンは最高出力38ps/4800rpm、最大トルク6.3kg-m/3500rpmの性能を得ている。リッター当たりの出力は38.3馬力となり、有数のハイパワーである。この時代のディーゼルエンジンの燃費は60km/h定地走行モードでの計測なのでぴんと来ないところがあるが、リッター当たりダイハツエンジンは37.1kmと発表されている。この時代のそのほかの国産ディーゼルエンジンで最も良いのはリッター当たり32.2kmであることから、超低燃費を達成しているということができるだろう。

直列3気筒としているのでヨーイングモーメントが発生することになるが、その対策として一次バランサーシャフトをチェーンで駆動し、3気筒による吸排気干渉の減少を有効に生かしたマニホールドにすることで、低速トルクを向上させることに成功している。

●その開発の背景

もともとダイハツは技術を優先したメーカーであった。特に内燃機関の実用化では最も伝統を持ち、それを生かして1930年代からオート三輪メーカーとなった。1960年代になってオート三輪の時代が終わって、自動車メーカーへの転身では、軽自動車から参入し、コンパーノで大衆乗用車に進出、1960年代に早くも燃料噴射装置付きガソリンエンジンを搭載するなどした。技術的には一貫してオーソドックスな手法をとり、トヨタや日産が支配する四輪車部門で独自性を出すのに苦労せざるを得なかった。

1967年11月にトヨタ自動車と業務提携した。それによって、ダイハツの小型乗用車はカローラと共通部品を使用するなど独自性が薄められた。軽自動車メーカーとして生きていくようにトヨタから有形無形のプレッシャーがかかるようになり、ダイハツは限られた守備範囲のメーカーとして活動する方向となった。

そうしたなかで、小型車のシャルマンはスタイルだけがカローラと異なるダイハツブランドの乗用車となったが、これより小さいサイズのリッターカーであるシャレードを1977年11月に発売した。エンジンは直列3気筒で、コンパクトで経済性に徹し、日本で最初のリッターカーとして存在感を示し、経済性に優れていたことから、輸出も好評であった。

5年後の1983年1月に最初のフルモデルチェンジがあり、ディーゼルエンジンが登場したわけだが、3気筒ガソリンエンジンは軽量化が図られ、エンジンとして進化していた。これをベースにしたことで、ディーゼルエンジンとして軽量で高速回転のエンジンとして市場に投入することができたのである。

このときの同じ993ccガソリンエンジンは、キャブレター仕様だったが、55馬力と60馬力があった。ギアレシオは最小減速比も含めてディーゼルエンジンと同じであった。同じ60km/h定地燃費は最も良いMTのガソリンエンジン車はリッター当たり32kmであったから、最高出力が少ないディーゼルエンジン車は、車両価格がガソリンエンジンに比較して高いことから、国内ではそれほどの人気にならなかったのだ。

リッターカーとして存在感を示したダイハツシャレード。1983年にモデルチェンジされた。

そこで翌年8月にはターボを装着する。この時代は、ガソリンエ

ンジンでもターボの装着が盛んで、出力の向上を望むユーザーが多かったのだ。過給圧は0.7気圧に抑えたものの、出力では32%、トルクでは48%の増加を果たしている。これでガソリンエンジンに近い性能となった。3気筒なので各気筒への吸気にバラツキを少なくするためにサージタンク(コレクタータンク)を大きくしている。最高出力は50ps/4800rpm、最大トルク9.3kg-m/2900rpm、ピストンスピードは毎秒11.7mが最大である。

1987年にシャレードは次のモデルチェンジを果たすが、依然としてディーゼルとガソリンは1000ccとしている。

この時代の他のメーカーのディーゼルエンジンも渦流室式を採用、トヨタのトラックであるダイナの2リッターエンジンが初めて直接噴射式エンジンとしている。このエンジンのピストンは渦流室式からの変更で、頭頂部の周囲にFRMを採用して耐摩耗環としている。クラウンに採用している2リッターディーゼルエンジンはこれとは別で、ターボ装着で96ps/4000rpmの渦流室式エンジンである。カローラなどにもディーゼルエンジンが用意されているが、4気筒1839ccで、サニーも同じく1680ccエンジンである。やはり60馬力以上にする必要があるからだろう。いずれも自然吸気である。

●その後の経過

その後、ダイハツではあまり売れ行きの良くないディーゼルエンジンはラインアップからはずれ、シャレードも2000年に生産が終了する。

しかしながら、ダイハツはその後も小排気量のディーゼルエンジンの開発を続け、その成果が東京モーターショーなどで展示された。2ストロークエンジンとして2003年のショーでは進化した姿を見せていた。

TOPAZ 2CDDIと呼ばれるこのディーゼルエンジンは、水冷2気筒DOHC4バルブ、

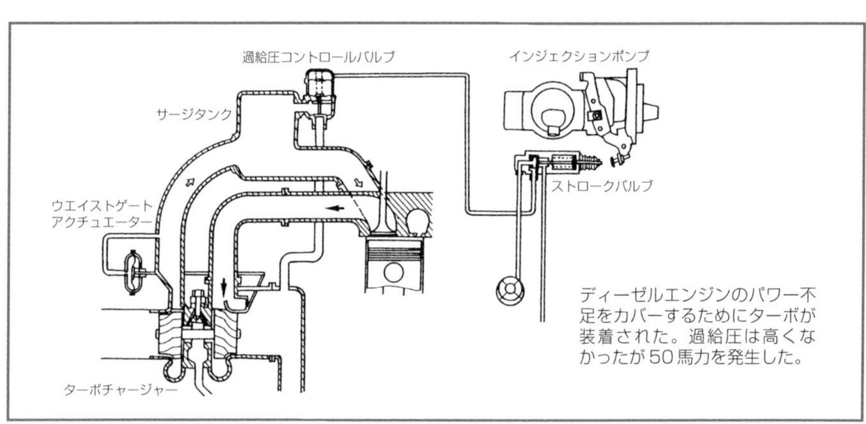

ディーゼルエンジンのパワー不足をカバーするためにターボが装着された。過給圧は高くなかったが50馬力を発生した。

2003年東京モーターショーに参考出品された2サイクル660ccTOPAZ。2CDDIディーゼルエンジン。小排気量ディーゼルエンジンの開発を続行していることをアピールした。

ユニフロー掃気のエンジンである。

性能向上を図るために、スーパーチャージャーとターボチャージャーのハイブリッド過給という欲張った機構のエンジンである。排気量は660ccにおさまる軽自動車の規格にあったものである。

2ストロークにして過給するのは、コンパクトでありながら動力性能でガソリンエンジンに負けないものにする計画だからであろう。

スーパーチャージャーにより低速域でのトルクを確保し、高速域ではターボ効果を発揮させることで、全領域で期待する性能に見合った空気量を確保する作戦である。

直噴にしてコモンレール式を採用、燃料の噴射圧は1600気圧を確保、掃気ポートはスワールを発生させる形状とし、インジェクターは多段噴射にして、燃焼を良くするように配慮している。燃焼改善を図ることで粒状物質PMを減らし、内部EGRを効かせて窒素酸化物NOxの発生量を抑制する。

2ストロークは排気をスムーズにし、出力を高める効果が大きいことから、チタン製のバルブを採用し、排気ポートはシリンダーに対して左右両サイドに分割した構造にし、掃・排気の効率を高め、耐久性の向上も図っている。

このエンジンは厳しくなる排気規制をクリアして、軽量コンパクトで、出力性能を確保しながら燃費に優れたものにしようと開発が続けられた。2003年モーターショーの時点で、最高出力は54馬力、最大トルクは13.3kg-mと発表されている。

2気筒エンジンとして開発されているが、3気筒や4気筒にすることも可能である。

1980年代中頃における国産乗用車用ディーゼルエンジンの主要諸元

メーカー	車両名	エンジン型式	ボア・ストローク (mm)	排気量 (cc)	NA or ターボ	最高出力 (ps/rpm)	最大トルク (kgm/rpm)	重量 (kg)	ヘッド材質
トヨタ	カローラ	1C-L	83×85	1839	NA	65/4500	11.5/3000	147	アルミ合金製
	クラウン	2L-TE	92×92	2446	ターボ	96/4000	19.5/2400	219	鋳鉄製
日産	サニー	CD17	80×83.6	1680	NA	61/5000	10.6/2800	135	アルミ合金製
	スカイライン	LD20T	85×86	1952	ターボ	81/4400	16.5/2400	182	鋳鉄製
いすゞ	ジェミニ	4FB1	84×82	1817	NA	61/5000	11.2/2000	172	鋳鉄製
	〃	4FB1T	〃	〃	ターボ	73/5000	16.0/2500	188	〃
三菱	ギャランΣ	4D65T	80.6×88	1795	ターボ	85/4500	17.0/2500	154	アルミ合金製
マツダ	カペラ	RF	86×86	1998	NA	72/4650	13.8/2750	149	アルミ合金製
ダイハツ	シャレード	CL-10	76×73	993	NA	38/4800	6.3/3500	111	アルミ合金製
	〃	CL-50	〃	〃	ターボ	50/4800	9.3/2900	115	〃

第3章

三輪トラック用エンジンの変わり種

左は1940年代まで使用されたダイハツ750ccエンジン搭載の三輪トラック。
右は1960年代の独立したキャビンになったくろがねKW型三輪トラック。

三輪トラックは、日本独特のカテゴリーとして進化を遂げた。大正年間に登場したが、はじめは輸入された小排気量の外国製エンジンや二輪車のエンジンを使用してつくられるようになり、昭和に入った1930年のはじめころには、国産エンジンが主流になった。それにつれて、量産メーカーが中心となって寡占化が進んだ。三輪トラックに適したエンジンを開発し生産する能力のあるメーカーの代表がマツダ、ダイハツ、そして、くろがねであった。

しかし、戦時体制になると軍需産業が優先されて民間の輸送機関であった三輪トラックは生産を制限されるようになり、戦後になってもしばらくは、各メーカーは生産を再開することだけで精一杯で、新しい機構を盛り込むなどはできなかった。

飛行機メーカーだったところが、戦後にこの分野に参入して競争が激しくなったが、戦前から培った技術を持つマツダとダイハツが優位性を示し、戦後もトップメーカーとして業界を支配する構図が続いた。

マツダとダイハツは、それぞれに技術的に優れていて、他のメーカーの追随を許さない開発力と生産力を持っていた。

ダイハツは技術を売り物にして1907年に設立された伝統を持ち、その開発手法はオーソドックスなものだった。他の分野のエンジンも含めて、ダイハツのエンジンがこの本でひとつしか採り上げられないのは、まともなエンジンばかり開発してきており、奇をてらったり主流とは思われない機構を採用しないからである。常に技術的な進化の方向を見定めて、着実に実用化する手法に終始している。

これに対して、東洋工業(マツダ)は、コルクの加工から始めたメーカーで、機械製品をつくるようになり、その後に自動車メーカーとして活動を始めていることから、新しい技術を貪欲に吸収して商品に生かそうとする姿勢がある。

こうした企業の体質は、ダイハツが技術者を中心にして、組織のなかで育てられた経営者が方針を打ち出すのに対して、マツダはオーナー社長がトップダウンで方向を指し示すという違いにも見られる。組織で動くダイハツと、トップの意志で組織が動くマツダということができる。ただし、1967年にダイハツはトヨタと技術提携して企業の方向が変わり、マツダも1970年代にワンマン社長が引退して組織的に運営されるようになっているから、その後は体質的に変化したところがある。

それはとにかく、三輪トラック時代は、上記のような傾向があった。また、三輪トラック自体が経済的に貧しい時代の産物ということができる。四輪トラックは高価なもので、それに手が出ないユーザーのものであり、道路も舗装されていないでこぼこ道を走ることを前提にしていた。車両価格だけでなく、ランニングコストがかかるものであってもならなかった。生産される三輪トラックの80%ほどは個人経営、あるいはそれに近い経営のところがユーザーだった。

戦前だけでなく、戦後も1950年ころまではドライバーは吹きさらしのなかで運転するから、雨のときには合羽を着なくてはならなかったし、助手席の乗員は、粗末な狭いシートに座り、振動などで振り落とされないようにしっかりとどこかにつかまっていなくてはならなかった。快適性や乗り心地などは二の次だったのである。

エンジンを初めとする機構は、できるだけシンプルでコストを掛けないようにして車両価格を安くすることが重要だった。

そうした条件のなかで、いかに優れた乗りものとして開発するかが問われたのである。しかし、戦後の経済成長が始まって、貧しさから少しずつ抜け出す気配がしてくると、快適性や性能向上が求められるようになり、独立したキャビンになってドライバーは雨風にさらされなくなり、装備も充実するようになる。

しかし、それは貧しさに支えられて需要を伸ばしてきた三輪トラックにとっては、自らを否定する道でもあった。いつの間にか、四輪トラックに近い機構になって、やがて役目を果たしたことになって、姿を消していくのである。

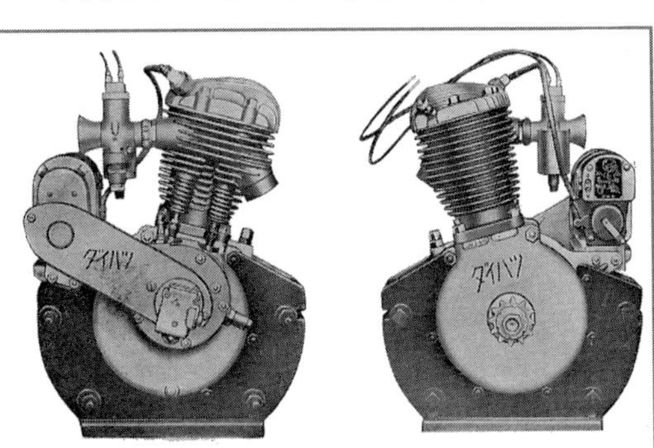

ダイハツの最初の三輪トラック用500cc空冷単気筒エンジン。三輪メーカーに販売する計画で、1928年に開発したが、まだ舶来品に対する信頼が根強く、思ったように売れなかった。そこで独自に車体までつくり三輪メーカーとなった。

マツダの先進的な三輪トラック用エンジン

もし1940年代に日本が戦争に突入せずに民間の機械工業が1930年代のように続いていたら、マツダはいち早く自動車メーカーとして名乗りをあげていたであろう。そのための準備をしていたのだが、戦時体制になって乗用車の開発などが許される状況ではなくなってきたのだ。

戦後になっても、経済的にひどい状況のなかで再出発することになったから、三輪トラックの生産から始めるしか方法がなかった。

戦後の数年間は、製品をつくり上げることが困難な時代だった。材料の入手や重要な部品を手に入れることが簡単ではなかったから、性能的に優れているかどうかよりも、まともに機能するものになっていれば、買い手はついたのである。三輪トラックでも、戦前タイプのものであっても、製品として完成させればよかったのだ。新規に参入したところも、マツダやダイハツに劣っているかどうかが問題にされるのではなく、荷物を積んで走ることができるトラックになっていれば、メーカーとして成り立つところがあった。

しかし、1949年に訪れた戦後最初のドッジラインによる不況を境に状況が変わってくる。つくれば売れる時代から、売る努力をしなくては売れない時代になる。これによって、一品料理的につくっていたメーカーは脱落していく。1950年の朝鮮戦争によってアメリカ軍からの特需があり、それをきっかけにして日本経済は成長していく

750cc単気筒マツダエンジン。

V型2気筒OHV型空冷1157ccエンジン。1950年に発売。

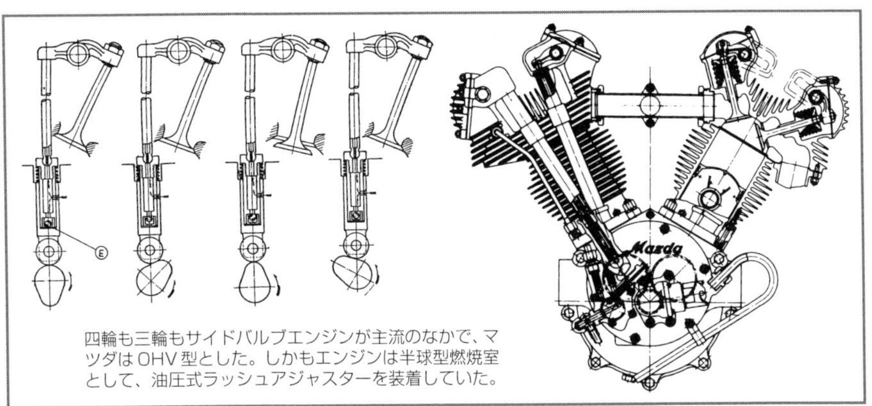

四輪も三輪もサイドバルブエンジンが主流のなかで、マツダはOHV型とした。しかもエンジンは半球型燃焼室として、油圧式ラッシュアジャスターを装着していた。

ことになるが、三輪トラックも質のよいものでなくては商品価値がなくなった。

厳しい金融引き締めによって大きく消費が落ち込んだときに、トヨタや日産などは経営の危機にあった。そんななかでマツダは、改良した三輪トラックの生産と販売で比較的苦しまずに乗り切ることができた。生産設備にしても、戦争による設備の老朽化にいち早く対応していた。

●マツダエンジンの先進性

1949年には、新しいタイプの三輪トラックを市場に投入した。戦前の三輪トラックはダイハツやオオタ号と同じ小型車の範疇に入っていたから、排気量が750ccに抑えられていた。戦後の1947年に車両規定が新しくなって、三輪トラックは1000ccまでが小型に変更された。このため、エンジンを大きくして積載量を増やす必要があったのだ。ユーザーからは積載量を多くして欲しいという要望が強く、これにいち早く応える準備をしていたのだ。

1950年9月に発売されたCT型は1157ccの空冷2気筒オーバーヘッドバルブエンジンとなり、出力も32馬力という驚くべき性能であった。しかも、積載量は1トン積みとなり、オート三輪車の大型化が始まった。

このエンジンは、当時の国産乗用車エンジンと比較しても、多くの先進性をもっていた。トヨタも日産も小型車用は直列4気筒エンジンではあったが、サイドバルブ方式の旧型エンジンを搭載していたにも関わらず、マツダのエンジンはオーバーヘッドバルブ(OHV)タイプで半球型燃焼室に近い蒲鉾型をしていたのだ。そのうえ、バルブの開閉のためにカムがタペットをたたく音をなくすために油圧式のバルブクリアランス自動調整装置を備えたものだった。自動車用エンジンとしてみても、先進的技術を採用したものだった。

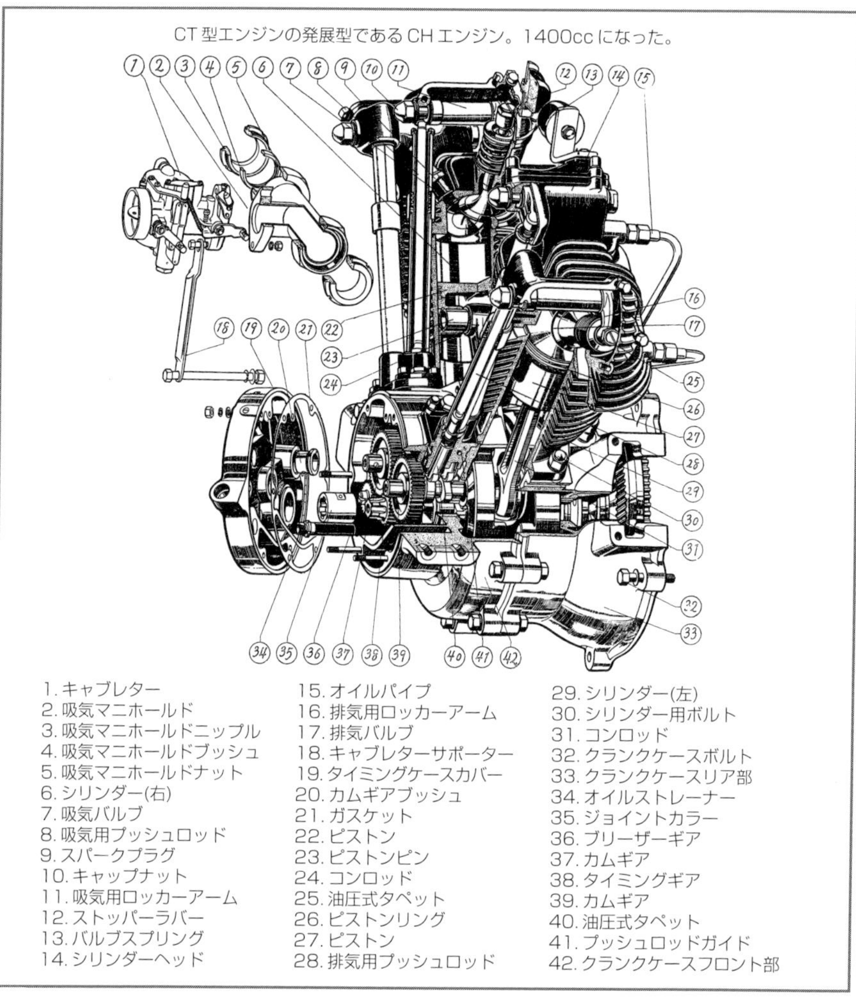

CT型エンジンの発展型であるCHエンジン。1400ccになった。

マツダのなかでも、サイドバルブ方式のほうが信頼性があるから、わざわざOHV型にする必要はないという意見もあった。しかし、技術部首脳は、技術進化の方向を見定め、迷うことなくOHV型を採用した。小型自動車の分野で最初にOHV型となったのは、マツダの三輪トラック用エンジンである。これは、1950年代前半までは、小型四輪車の技術進化がはかばかしくなかったことを物語っている。その点で見ても、マツダCT型はユニークなものである。

三輪トラックの場合は空冷エンジンを露出させて積んでいたから、エンジンの騒音が直に伝わるものだったが、エンジンの振動が車体に伝わりにくくするために、マツ

１９５０年発売のCT型１トン積み三輪トラック。スタイルにも特徴があり、マツダ車であることがすぐに分かった。

ダではこのエンジンのマウントにゴムブッシュを用いている。

１９５４年のCTA型は、２トン積み長尺荷台車を用意した。

●その開発の背景とその後の展開

東洋工業では、三輪トラック用に早くから1000ccV型や1200ccE型エンジンの試作をしていた。販売の動向をにらんで、750ccエンジン車の投入を先にしたが、時代の進展とともに三輪トラックに対するユーザーの要求が従来と違ってきていることに対応する必要に迫られたからである。

東洋工業の企業姿勢は、常にユーザーの要求を率先して実現しようとすることで、それがもっとも顕著に現れたのが、1950年(昭和25年)に登場するCT型である。朝鮮動乱による特需で日本中が好景気になったタイミングだったこともあって、新型の登場によってマツダの三輪トラックは確固とした地位を築くことができた。

三輪トラックの大型化と快適性の追求という点で、このクルマから三輪トラックは新しい段階に入った。戦後になってからも、中小零細企業の輸送機関としてのオート三輪車の需要は伸びるばかりであったが、性能や乗り心地が改善されることで、さらに需要は高まり、本当の意味での最盛期を迎えることになる。

マツダ三輪トラックの先進性

エンジンは中央の、ドライバーの座るあいだに配置されている。

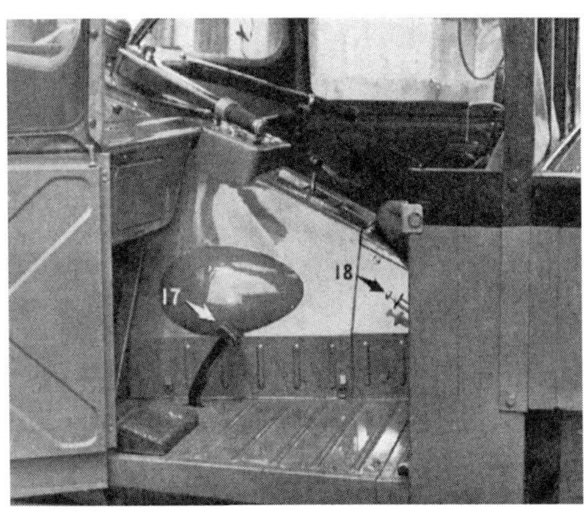

は、これだけではなかった。戦後の三輪トラックは風防が備えられるようになってきたが、このクルマではドライバーの快適性が考慮された。単なる風防から一歩進んで、ウインドシールドに合わせガラスを用い、シート地の幌をこれにつないで屋根を装備したのだ。特筆すべきは、インダストリアルデザイナーの小杉二郎氏にデザインを依頼してスタイルを決定していることで、直線的なラインを基調にしたマツダの三輪トラックは、実用本位でいいと思っているオート三輪メーカーとの違いを見せつけた。

エンジンマウントにしてもウインドシールドにしても、量産車に採用して実用化するには信頼性を確保するためのテストが必要で、経営陣の強い意志がなければ不可能なことである。テスト中にガラスがはずれたり、エンジンマウントのゴムが偏摩耗したりと、問題が起こるのは当たり前の時代のことで、この時代の東洋工業のトップダウンによる方針がうまくいっていたのだ。

この先進的な三輪トラックがその後のスタンダードになり、方向を大きく決めた。他のメーカーはマツダを追いかける立場になり、マツダは業界をリードするメーカーとしての地位を確保した。

1951年(昭和26年)9月には、荷台を大型化したCTL型が登場、小型四輪車は車両寸法に制限が設けられていたが、小型三輪車には車両寸法を制限する規定がなかったので、思い切って拡大して全長4800mm、荷台の長さが3mにも及ぶものになった。1952年7月にはさらに大型化され、2トン車が登場するが、これも東洋工業が先鞭をつけたものだった。

その後も荷台の大型化が進んだが、1955年になって運輸省が、現在生産されている最大の小型三輪トラックの大きさを超えてはならないという通達を出したことによって、大型化に歯止めがかけられた。このときの最大の寸法は6.09mの全長で、全幅は1.93mであった。

三菱・水島の単気筒900cc三輪トラック用エンジン

戦前からオート三輪車をつくっていたマツダ、ダイハツ、くろがねがビッグスリーといわれたが、1950年代の半ばになるとくろがねの退潮が目立つようになり、台頭してきたのは三菱・水島であった。といっても、マツダやダイハツに迫る勢いではなく、その他のメーカーのなかから抜け出るように見えたからである。

航空機をつくっていた岡山県の倉敷に近い三菱の水島製作所が、戦後になって民需転換のために三輪トラックを開発することになったのだ。1943年に開設された工場であったが、三菱の全国にある製作所のなかで、戦後にもっとも早く民需転換が許可されたことで、三菱の優秀な技術者がここに集結したのである。

三輪トラックに目をつけたのは、自動車のなかで比較的開発期間を長く取らずに商品化できるものであるからだった。

新規に参入するには、独自にエンジンを開発しなくてはならず、デフを持つ自動車としてまとめ上げる技術力が要求されるが、そのための技術力もあり、航空機用の設備を利用することができる点で有利であった。四輪車よりも機構的にシンプルであり、貧しい戦後の出発では、とにもかくにも独自に製品化できるものを始めるしかなかったのだ。

三菱・水島で最初につくられた三輪トラック。1946年製。

航空機の開発に携わっていた誇り高い技術者たちは、三輪トラックという本格的でない(?)自動車をつくることに抵抗があったようだが、将来に立派な自動車をつくるための準備であるととらえて、エンジンを開発し、車体を開発したのである。

なお、スクーターのシルバーピジョンをつくったのは三菱の東京製作所で、そのエンジンは名古屋製作所でつくられている。このスクーターをベースにして、簡易な三輪乗用車がつくられているが、これと水島の三輪車との共通項はまったくない。三菱の戦後の出発は各製作所ごとに分かれてのものだった。

1946年に三菱水島製作所で三輪トラックの試作車がつくられ、1947年10月から販売を開始した。この三輪トラックエンジンは、空冷単気筒750ccとなっていた。

●そのユニークさ

ここで水島三輪トラックのエンジンを採り上げたのは、自動車用エンジンとして、900cc用という単気筒では例外的な大きさだからである。三輪トラック用でも、水島製以外に採用例はない。

もともと戦前につくられた国産エンジンは500ccが主流で、空冷単気筒が圧倒的に多かった。小型用エンジンが750ccまでに引き上げられ、単気筒と2気筒があるようになったものの、機構的にシンプルで、コストもかからないものにするのが常識だ。トラブルがなくまともに走り、メンテナンスに手間がかからないものが良いから、エンジンの機構として凝ったものにするのは好ましいことではなかった。

そのため三菱では、オーソドックスに空冷単気筒エンジンを選択した。水島製の三輪トラックが最初から750ccにしたのは、戦前に小型車の車両規格が750cc以下になっていた関係があり、それを戦後のスタートでマツダやダイハツが使用したからであった。

この水島製空冷エンジンをベースに、排気量アップを図って900ccにしたのである。他のメーカーは750ccよりも大きいエンジンを搭載するときには、2気筒を選択したが、三菱だけは単気筒のままだった。ボア・ストロークが95mm×105mmの744ccエンジンのストロークを120mmにして886ccにした。

三菱は、最初から多くの車種を持つ方向を選択していない。750ccエンジンを搭載する750kg積みだけで1951年まで通し、1952年になってエンジンを886ccにして1トン積み車を加えている。エンジンはいずれもサイドバルブ方式で、信頼性を高めているものの機構的にはきわめて保守的である。マツダの1トン積み車は空冷OHV型2気筒であり、ヂャイアントは水冷OHV2気筒であり、圧縮比でも三菱の4.7に対してマツダが5.6、ヂャイ

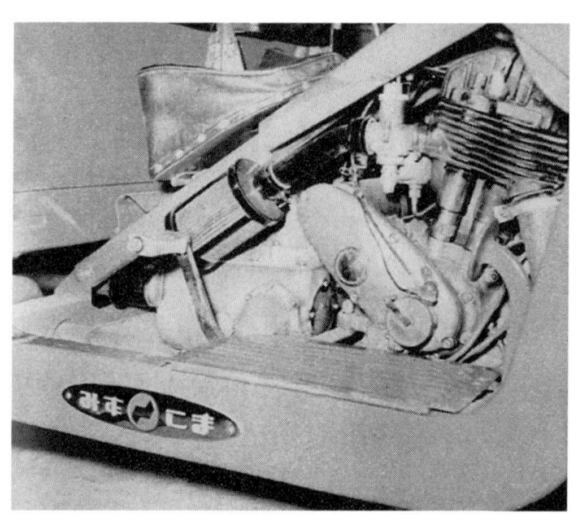

886cc 単気筒エンジンを搭載する、みずしまTM型。20.5馬力。

アントが6.4となっている。

しかし、三菱は技術的に遅れたエンジンを搭載している意識はなかった。というのは、三輪トラックの場合は最高出力が問題になるのではなく、低速時のトルクがものを言う。したがって、886ccの単気筒であっても、1トン積み車のなかでは7.4キロとトップクラスのトルクを発揮しているからだ。744cc750kg車とは別に2気筒エンジンを開発すると、エンジン製造のために新しい設備にしなくてはならず、コスト的にも不利になる。そうした観点から見れば、単気筒で最大の排気量であっても、なんの問題もないことになる。

三菱·水島のエンジン生産風景。手前にあるのは冷却フィンをつけたシリンダー。

●その後の展開

他のメーカーが1.5トン積みや2トン積みという大きな三輪トラックをバリエーションに加えるなかで、三菱が750kgと1トンの2種類しかつくらなかったのは、1トン積み車までの三輪トラックが全体の70％以上を占めていたからである。そのうち1トン車がほぼ半数を占めていたから、このエンジンは三菱の主力となるものだった。

1952年に登場したときは最高出力20.5ps/3400rpm、最大トルク7.3kg-m/2600rpmという数値だった。その後、エアクリーナーの改良などエンジンの耐久性を高める努力はしたものの、性能的な向上は図られていない。逆にいえば、その必要を感じなかったといえる。改良したのは、キック式スタートをセルモーターに代えたほか、荷台を長くしたり、サスペンション機構など車体側が中心であった。

ライバルたちの動向を勘案して、それに負けない機構にするという配慮を他のメーカーほどしないのが三菱のやり方のようである。企業として採算を取ること、合理的な生産方式を採用することなどが優先されている。

三菱が1.5トンと2トン積み車を発売するのは

エンジンは走行風による自然冷却。

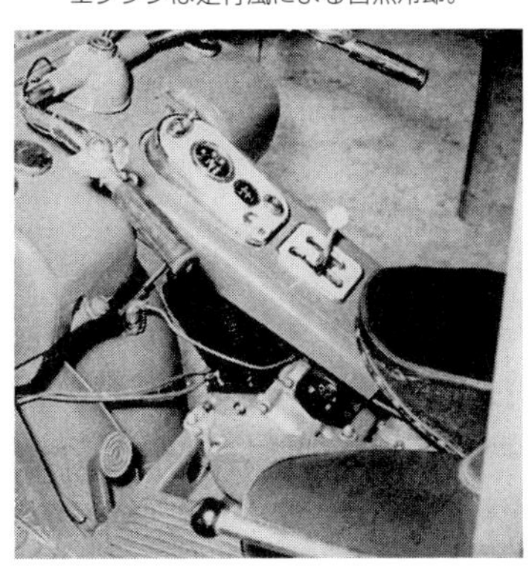

1955年12月になってからで、他のメーカーよりかなり遅れている。それを取り戻すかのように直列2気筒OHV型にしてボア・ストロークは95mm×90mmの1276cc、出力36馬力、トルク8.6キロのエンジンを投入、独立したキャビンとして、エンジンは自然空冷から強制空冷式となった。車体も装備を充実させて丸ハンドルにするなど高級感を前面に打ち出した。そのぶん、車両価格が高くなり、ほとんど四輪トラックと変わらないものになった。

これにより、三菱の販売は伸びていない。三菱が三輪トラック部門から撤退するのは1962年のことで、水島製作所では軽四輪車の製造が中心になった。その後、三菱は自動車部門を集約して1970年に三菱自動車として三菱重工業から分離独立している。

1952年製の886ccエンジン搭載のみずしまTM4E型。780kg積みでスタート。

1958年には強制空冷直列2気筒OHV1489ccエンジンを開発。47馬力、2トン積み三輪トラックに搭載された。

エンジン諸元表①（750kg積み）

エンジン型式	冷却方式	気筒数	バルブ形式	ボア×ストローク (mm)	排気量 (cc)	圧縮比	最高出力 (ps/rpm)	最大トルク (kgm/rpm)
マツダGD	空冷	単	OHV	90×110	700	5.2	17/3300	4.3/2500
三菱6A	空冷	単	SV	95×105	744	4.5	15/3400	3.6/2000
ヂャイアントAE14	水冷	単	OHV	90×100	636	5.5	19/3600	4.5/2400
オリエントC	空冷	単	SV	95×108	766	4.7	18/3600	4.35/2000
サンカーEB	空冷	2	SV	70×110	847	5.0	19/3500	5.1/1400

エンジン諸元表②（1トン積み）

エンジン型式	冷却方式	気筒数	バルブ形式	ボア×ストローク (mm)	排気量 (cc)	圧縮比	最高出力 (ps/rpm)	最大トルク (kgm/rpm)
ダイハツGBA	空冷	単	SV	95×112	794	5.5	22/3400	5.2/2300
くろがねVXA	空冷	2	SV	75×99	875	4.7	22/3500	5.0/2500
三菱5A	空冷	単	SV	95×125	886	4.7	20.5/3400	7.3/2600
ヂャイアントAE16	水冷	2	OHV	80×85	855	6.4	28/4200	5.0/2400
サンカーEH	空冷	2	OHV	80×84	844.5	5.8	27/3500	5.8/2500
マツダCL	空冷	2	OHV	80×90	905	5.6	23/3600	5.15/2500
くろがねVEB	空冷	2	SV	80×99	955	4.8	26/3500	5.8/2200
オリエントG	水冷	2	SV	80×90	905	6.5	27.5/3600	6.5/2200
アキツK	空冷	2	OHV	80×90	905	6.0	30/4500	6.0/2400
ダイハツGEA	空冷	2	SV	85×100	1135	4.8	26.0/3500	6.0/2300

愛知機械のヂャイアント水冷４気筒エンジン

名古屋地区でヂャイアントを生産した愛知機械工業は、三輪トラックの分野では独自の地位を占めていた。もともとは愛知時計工業が前身で、精密な機械工業メーカーとして活動していたところに海軍の航空兵廠に目をつけられて信管や機雷の発射管などの生産を始めたことから海軍用の航空機をつくるようになり、愛知航空機として分離独立したものだ。

太平洋戦争が終わって、仕事の目処が立たないことから解散の準備を始めたが、航空機用のジュラルミンなどの大量のストックがあり、民需転換が可能なことを知って、290人で資本金3000万円で愛知起業という名前にして1946年3月から活動を開始した。

1958年に登場した２トン積みAA26型は水平対向４気筒エンジンを搭載した。

自動車部品から始め、当時使用された腕木式ウインカーやヘッドライト、ホーンなどをつくるようになった。三輪トラックとの接点は、戦前につくられたヂャイアント号の製造権を持っていたのが、戦時中に愛知航空機の協力工場であった帝国精機だったことだ。

ヂャイアント号は、昭和初期から中野モーターが水冷エンジンを開発して中京地方を中心にして製造販売していたが、戦時中は休業、製造権が帝国精機に移っていたのだ。

その権利を愛知起業が購入したのが始まりである。資材などは戦前の実績により配給されるので、製造権を手に入れることで三輪トラックメーカーとしての活動ができるようになった。

ダイハツやマツダなど多くは空冷エンジンであるなか、戦前からヂャイアント号は水冷エンジンであった。水冷のほうがエンジン性能を上げるには有利であるが、エンジンのなかに冷却水の通路を設けるなど構造的に複雑になり、冬になると不凍液に交換するなどのメンテナンスが欠かせなかった。

それでも、水冷にしたのは他のメーカーとの違いを出して高級感のある三輪トラックにするためであった。

戦後も、この行き方を踏襲して愛知製ヂャイアントは水冷エンジンで押し通した。走行風を当てるようにしなくてすむことから、他のメーカーより早くから独立したキャビンを採用するなどの先進性を見せている。丸ハンドルもダイハツやマツダは1950年代の後半になってからのことだが、愛知ヂャイアントでは1952年製の三輪トラックで採用している。

●水冷水平対向4気筒というユニークさ

1955年に1トン積み三輪トラックのヂャイアントAA13型に855ccの水平対向2気筒エンジンが搭載された。水冷2気筒は1951年から登場していたが、この新開発のエンジンは半球型燃焼室にしてエアクリーナーやクランクシャフトベアリングなどは、四輪エンジンで用いられるのと同じ仕様にした意欲作であった。

ボア・ストロークが80mm×85mmで28馬力と、三輪トラック用エンジンとしてはかなり高性能だった。この直後にはボア・ストロークを90mm×90mmの1145ccエンジンをこれと同等の改良を施して最高出力46ps/4000rpm、最大トルク8.5kg-m/2800rpmとしたエンジンを搭載した2トン積み三輪トラックを発売した。

大手の運送会社からの要望に応えて、メンテナンスの手数を少なくするためには信頼性・耐久性の向上を図るにこしたことはないと、エンジンの機構を見直したのである。

この時点で、それまでもっとも性能が良かったのはマツダの空冷V型2気筒1400cc42馬力だったが、それを上まわる性能となった。圧縮比もマツダが5.7だったのに対して6.3であり、855ccエンジンは6.4であった。圧縮比を高めて性能を良くすることができるのは水冷エンジンにしている強みであった。

こうした背景があって、1957年10月に水平対向4気筒エンジンを登場させた。ボア・ストローク80mm×74mmの1488ccと、三輪トラック用というより四輪車のエンジンとしても十分に通用するエンジンである。最高出力58ps/4500rpm、圧縮比7.0であった。

ヂャイアントは水冷エンジンが特徴。水平対向2気筒もあったが、これは直列2気筒。1955年モデルに搭載。855cc、28馬力だった。

46馬力水平対向2気筒エンジンに次いで登場したのが58馬力の水平対向４気筒エンジン。全高を低く抑えることが可能で、ドライバーシートの下に収納することが可能だった。

水冷エンジンを採用するので独立キャビンにするには有利だった。丸ハンドルもいち早く採用している。

ヂャイアントは最後まで小型四輪トラックはつくらなかった。三輪ではあったが、キャビン内は四輪車に匹敵する快適性を持っていた。

水平対向エンジンであるから高さを抑え、フロアの下にエンジンを収納することが可能で、エンジンが4気筒になっても問題なかった。キャブレターも新機構にして、加速性能が向上し、エンジンに余裕があるので、坂道でも頻繁にシフトしないですみ、運転が楽になるというのもアピールされた。燃料タンクが32リッターと大きくなったのは、運送会社で長距離走行に使用することを可能にするためであった。

もともと丸ハンドルにしてベンチシートを採用して3人乗りであり、ホイールが

水平対向４気筒エンジン搭載のAA24型は同社の三輪トラックの最終モデルとなったものだ。

ヂャイアントは水冷エンジンにしたことで、輸送会社からの需要が多く、エンジンの排気量増大も図られた。1950年代の三輪トラックは物流の重要な担い手でもあった。

三つであることをのぞけば、四輪トラックと遜色のないものになったのである。

●その後の経過

愛知機械工業が三輪トラックの分野から撤退するのは1960年9月である。他のメーカーに先駆けて画期的な4気筒エンジンを投入したが、売れ行きは思わしくなかったのだ。愛知機械の三輪トラックの販売のピークは1956年の8284台で翌57年が7574台、58年からは大きく落ち込んだのである。

その原因は明らかだった。三輪トラックの市場を意識したトヨタのトヨエースが車両価格を大幅に下げて販売拡大を図ったのだ。装備を充実させ、独立したキャビンにするなど三輪トラックは高級化が図られて車両価格が高くなった。これに対して、四輪トラックのほうは、大量生産してエンジンも既成の1000ccを搭載するなどしてコストダウンを図った。

同じ価格なら四輪のほうが快適性も含めて断然有利である。特に、水冷エンジンを特徴としていたヂャイアントは、トヨエースが販売を伸ばす前から高級化を進めていたので、もっとも被害を受けやすい立場にあったのだ。

そのうえ、1958年になるとダイハツやマツダも、直列4気筒エンジンを三輪トラックに搭載し始めることで、三輪トラックとしてのヂャイアントの優位性も失われた。愛知機械は、三輪車としての高級化を図って水冷水平対向4気筒エンジンを開発したが、ダイハツやマツダは、市場は四輪トラックへ移行すると読んで、四輪トラックを開発し、それにも搭載する計画で開発を進めたのであった。トップメーカーのマツダやダイハツは、小型四輪トラックを開発する体力があったからだ。そのエンジンを三輪トラックにも積むことにしたのだ。

愛知機械は、軽三輪トラックを1959年にデビューさせて、三輪トラックから撤退し

いずれも四輪トラックにも搭載された大排気量エンジン。上はダイハツ用1478ccV型2気筒エンジン。下左はくろがね 1488cc 直列４気筒エンジン。くろがねに吸収されたオオタ出身の技術者による開発で、四輪用そのもの。下右はマツダの 1484cc 直列４気筒エンジン。

三輪メーカーの主要大型エンジン諸元

メーカー・型式名	冷却方式	エンジン形式	ボア×ストローク(mm)	排気量(cc)	圧縮比	最高出力(ps/rpm)	最大トルク(kg-m/rpm)	備　考
ヂャイアントAE34型	水冷	水平対向4気筒	80×74	1888	7.0	58/4500	—	三輪トラックのみ
マツダT1100型	水冷	直列4気筒	70×74	1139	7.8	46/4600	8.0/3000	四輪D1100型に搭載
マツダT1500型	水冷	直列4気筒	75×84	1484	7.6	60/4600	10.4/3000	四輪D1500型に搭載
ダイハツU010T型	水冷	V型2気筒	97×100	1478	6.9	45/3600	10.0/2000	四輪ベスタに搭載
くろがねKY型	水冷	直列4気筒	76×82	1488	7.8	62/4700	11.4/2600	四輪NB型、KN型に搭載

た後は、軽自動車を主力にするという方向転換を図らざるを得なかった。しかし、後発メーカーの悲しさで、軽三輪の分野でもダイハツミゼットやマツダK360などのヒット商品の陰に隠れた存在となった。マツダやダイハツと比較すると、自動車メーカーとしての体力で劣り、独自のヒット商品をつくるまでに至らなかった。

第4章

技術提携による国産化エンジンの変わり種

1953年4月にオースチンの国内組立第一号車が完成した。

日本の自動車工業は技術的に遅れている、と認識されていた1950年代のはじめのころ、自動車産業が独り立ちして国際的な競争力を付けるための道筋をつけることが重要と考えられていた。工作機械などの分野では、技術提携で国産化が進められ成果が出てきており、日産を初めとするメーカーからヨーロッパのメーカーとの技術提携によるライセンス生産を認めるような働きかけが活発になっていた。

通産省は、提携による技術導入を図ることも必要と考えていたが、自動車の場合は、生産台数が増えると外貨の支払い額が比例して増えることを懸念していた。この時代は外貨不足に悩まされていたから、なるべく効果的に使用することが大切だった。そこで、通産省の自動車担当の役人が考え出したのがノックダウン生産ではなく、部品の国産化を認める契約にすることだった。

最初は、提携したメーカーから送られてくる部品で組み立てるが、それを国産化することで、当初のライセンス料だけの支払いですませるようにする。部品の国産化が進めばいくら生産台数が増えても支払う外貨が増えないことになる。しかも、その国産化した部品は他のクルマに使用することも認めるという一項が付け加えられた。

こうした条件をつけた契約で交渉するように通産省がメーカーを指導したわけだが、提携する海外のメーカーにとっては有利な条件でないように見えるものの、契約が成立すれば政府が支払いを保証してくれるから、その点では不安のないものになる。提携するメーカーが国産化された部品の品質が一定のレベルに達していることを認めて合格と認定することも必要とされた。

従来のライセンス生産による国産化に、新しい方向を見つけだしたのである。この手法による提携が、日産の他にいすゞがイギリスのヒルマンと、日野自動車がフランスのルノーとのあいだで成立、国産化された乗用車を生産して技術修得につとめたのである。1952年に契約し、翌年から生産が開始され、1950年代のうちに3社ともすべての部品の国産化を果たしている。

このころは日本の主要メーカーは、エンジンの開発に当たって、ボアとストロークをどのような比率にするか悩んでいた。欧米のエンジンの傾向を見ながら、エンジンについて定評のあるメーカーのものと同じボア・ストロークを採用したりしていたのだ。

トヨタが1955年に発売する計画のクラウン用に開発した1500ccOHV型直列4気筒エンジンは、当初ボア75mm・ストローク82mmで設計、開発が進められていた。排気量は1449ccになるが、1500ccより50cc以上小さいのは、シリンダーが摩耗してボーリングするとボアがそのぶん大きくなるから、余裕を持たせるためであった。

エンジンの開発は1950年ころから始まり、1952年には試作ができていた。ところが、このころになって、急遽ボア・ストロークを変更している。ボアを77mmにしてストロークを78mmとスクウェアに近いサイズに改めたのである。ボアとストロークの両方を変更するというのは、開発を最初からやり直すほどの手直しになる。普通なら考えられない変更である。

このR型エンジンは、それまでの1000ccサイドバルブのS型エンジンに代わる同社の主力となる乗用車用エンジンであるから失敗が許されなかったのだ。ボアが大きい方が出力を出しやすく、アメリカでもボアを大きくするエンジンが増える傾向を示していたのだ。エンジンを新しくするのは莫大な投資であるから、なるべく長く使用するものにしたいと考えるのは当然のこと。ボア・ストロークは生産を開始してから変えるのは大変なことだから、多少完成までに余計な時間がかかっても、試作の段階で変更すべきだという考えだったのだ。計画したときよりも、アメリカの新しいエンジンがロングストロークでなくなりつつある傾向を読みとっての変更といえる。

日本のメーカーは、エンジン開発に独自のポリシーを持って臨むというわけには行かず、何とか海外のエンジンに劣らないものにする、あるいはライバルメーカーのものにひけをとらないものにすることが最大の狙いだった。

ここでは、技術提携により誕生したエンジンを元にしてつくられた日産と三菱のエンジンについてみていくことにするが、こうした時代背景であったことを考慮して読んでいただきたい。

日産ストーンエンジン1000cc直列4気筒

1950年代までの日産の技術開発の方向は、自主独立派と海外の技術導入派と両方があったが、戦前からの伝統もあって、常に海外依存派が勝利を収めている。1952年にイギリスのオースチン社と技術提携して国産化したのもその例であるが、そのエンジンをベースにしてダットサン用につくられたのが、ここに登場するストーンエンジンである。

●そのユニークさ

トヨタがクラウンを発売して本格的な乗用車として人気を得たように、日産は新型ダットサンを同じ1955年に発売した。サイズ的にはクラウンがひとまわり大きく、タクシーでいえばクラウンが中型、ダットサンは小型だった。このときにクラウンには直列4気筒OHVとなったR型1500ccエンジンが搭載されていたが、ダットサンは戦前からのエンジンを改良した822ccの旧型エンジンのままだった。クラウンとは競合関係になかったから良いものの、日産のほうが遅れた機構のエンジンだった。822ccエンジンは1930年に設計された500ccサイドバルブ方式の直列4気筒エンジンをベースにし、クランクシャフトのベアリングも両端の2箇所にしかなく、回転を上げると苦しげな音を出していた。

この時点では、日産はまだ独自設計のエンジンを持っていなかった。ダットサンのエンジンは日産に吸収される前の「ダット自動車製造」が開発したものであり、この当時の主力車種だったトラック用エンジンもグラハムページからそっくり購入したものがベースとなっていたのだ。この旧型エン

ダットサン210型。シャシーやスタイルなどは110型と同じであるが、エンジンが新しくなったことで210型と称された。

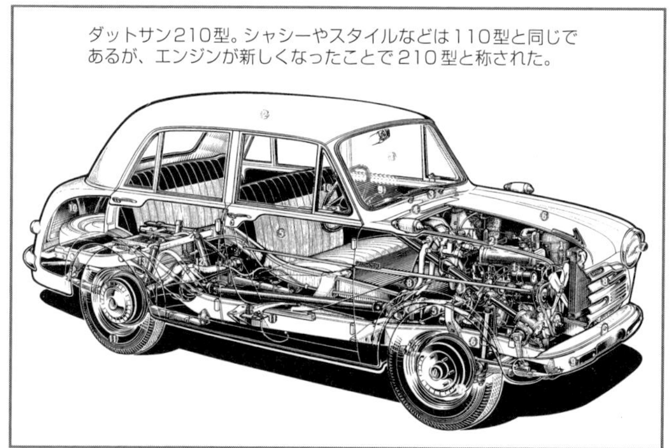

ジンに代わって1957年にダットサンに新しく搭載したのがストーンエンジンといわれた1000ccエンジンだった。

何がユニークかと言えば、この時代のエンジンとしては規格をはずれたショートストロークになっていることだ。何しろボアが73mmであるのに対してストロークは59mmである。当時の日本ではロングストロークが多かったから、余計に目立つものだった。もともとはオースチンケンブリッジ用の1500ccを1000ccに縮めるに際してストロークダウンした結果である。直列4気筒で1500ccではストロークが89mmあったものを3分の2にして1000ccにしたのだ。

●自主開発のための準備

当初、日産では、時代にマッチした新しいエンジンを独自に開発する計画を持っていた。まだエンジン関係の技術者が多いとはいえなかったが、改良に携わり、技術教育を受けたエンジニアが経験を積みつつあったから、そろそろ独自エンジンを開発する時期に来ているといえた。

実際にエンジンを設計から始めた経験がないことから、アメリカからベテランの技術者を招聘した。それがウイリス・オーバーランド社でエンジン開発の経験を持つドナルド・ストーンだった。彼に指導を受けて1955年にモデルチェンジされたダットサンのために新型1000ccエンジンを開発することにしたのだ。

日産の創業者である鮎川義介は、アメリカのメーカーとの提携を進めることで日本の自動車産業を勃興させる方針を貫こうとした。明治維新の元勲のひとりである井上馨を大叔父に持つ鮎川義介は、お雇い外国人から先進的な知識を吸収しようとした、ご維新方式を踏襲することにこだわった。

自動車をつくるには量産することが欠かせなかったから、日本人だけではできない相談だという意識が強かったのである。その意向を汲んだ、後継者の代表だった浅原源七が1951年に日産社長になったことでオースチンとの提

初めはオースチンA40型がつくられたが、オースチン社がモデルチェンジを図り、A50型ケンブリッジになったのに伴い、日産でも1500ccエンジンのA50型を組み立てた。

携を積極的に進めた。一部には、海外のメーカーと提携するよりダットサンのモデルチェンジを先にすべきだという主張があったが、まだ日本の自動車メーカーの実力では提携する方が得策というのが浅原の考えだった。

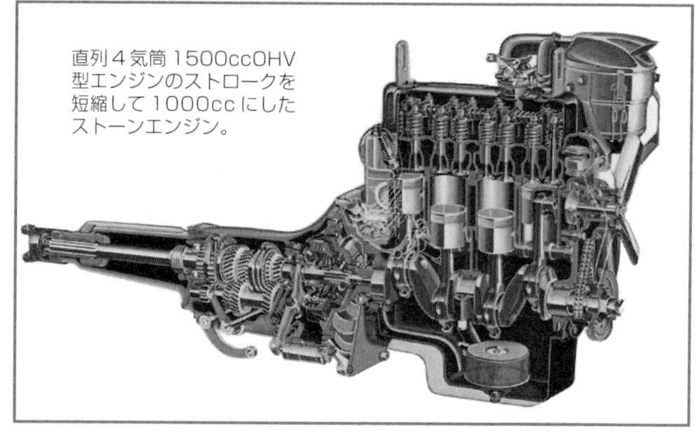
直列4気筒1500ccOHV型エンジンのストロークを短縮して1000ccにしたストーンエンジン。

日産は、提携で生産するオースチン専用の工場を神奈川県の鶴見に建設、エンジン生産のためにトランスファーマシンを導入するなど生産設備の近代化を図り、大々的な設備投資を実施した。日産の場合は、創業時から生産設備の充実に力点が置かれ、日本一の設備を持つ自動車メーカーであると、オースチンの生産をはじめるに当たっても新規の設備の導入をアピールしている。

ところが、海外のメーカーとの提携で国産化したオースチンは、予想ほど売れなかった。日産だけでなく、いすゞも日野も同様だった。これらのクルマはそれぞれの本国ではオーナーカーとして出来の良いもので、評判もまずまずだった。

それが日本で人気にならなかった最大の理由は、まだオーナードライバーが日本ではほとんどいない時代だったからだ。個人の所有はごくわずかで、乗用車はタクシーやハイヤーなど営業用か、法人用が中心だった。

そうなるとリアシートを優先したほうがいいが、これらの乗用車はドライバーシートが優遇されていた。タクシーの場合は、国産車では前席も3人掛けとするためにベンチシートにしていたが、オーナーカーであるヨーロッパ車はそんな配慮は無用で、前席はバケットシートの2人乗りだったのである。

ダットサン210型に納められたC型エンジン。

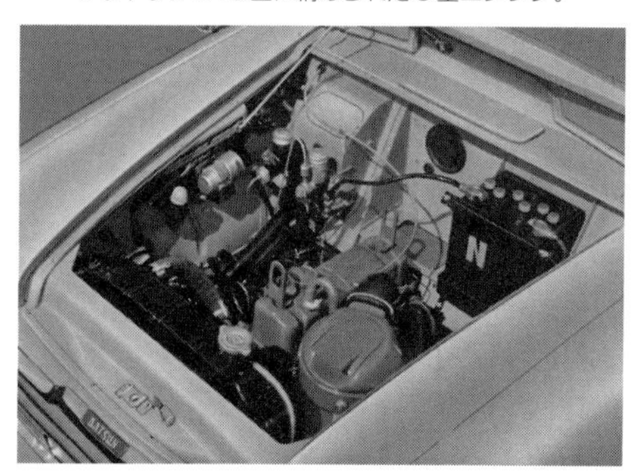

しかし、日本ではバケットシートをわざわざベンチシートに変え、フロアシフトからコラムシフトに変えるなどタクシー仕様に変更したのだ。

そんな苦労も乗用車の製造技術を学ぶための月謝と思えばいいから、日産もいすゞも日野も、せっせと部品の国産化に励んだのである。生徒としてはどのメーカーも優秀で、予定よりも早めに部品の国産化に成功、1960年代になると日産はセドリック、いすゞはベレル、日野はコンテッサと、提携した技術を生かして独自に乗用車を開発した。

●ストーンエンジンの誕生の経緯

国産化することによって、オースチン以外の車両にこのエンジンを搭載することができる契約だったが、実際には1500ccエンジンは、ダットサンにはオーバークオリティとなる。そこで、1000ccエンジンを新しく開発することになったのである。

ところが、そのために招いたアメリカ人の技術者であるストーンは、オースチンエンジンを改良して使用すべきだと主張した。ストーンは、単にエンジン開発のアドバイスをするのでなく、日産のエンジン技術のレベルアップを図ることにも意欲を示した。

アメリカの自動車メーカーは量産体制による大量販売が前提であったから、エンジンに関して信頼耐久性をとくに重視していた。そうした視点から見れば、この当時の日産のエンジン技術は、お世辞にも高いレベルにあるとはいえなかった。日産だけというより、日本の自動車メーカーのレベルがその程度であったと言うべきだろう。だから、海外のメーカーと提携してレベルアップを図ろうとしたのだ。まだ、エンジンのテストの方法や部品の品質の確保などでの基準がしっかりと確立しておらず、ストーンの目には危なっかしく映ったに違いない。アメリカのエンジニアらしく具体的に実際的に指導した。

ストーンは、独自にエンジンを設計するのはよい方法でないと強く言った。

その理由は、導入されるオースチン用エンジンの生産設備を利用すれば、生産コストが大幅に抑えられること、長年にわたって改良を加えられてきたエンジンなので信頼性が高いこと、エンジンの素性がよく排気量を変えても一定の性能が保証されること、オースチンの部品を流用できるので開発が短期間でできることなどだった。量産を前提に開発が進められるアメリカでは、生産コストを抑えることが重要視された。そのなかで育ったストーンの意見としては当然のものだったが、日産にとっては新鮮な提案であり、同時に異論もあったようだ。

神奈川県の鶴見にオースチン組立工場を建設、エンジン量産のためにトランスファーマシンが設置された。

日産で計画していた1000ccエンジン

は、重量もサイズもオースチンエンジンをベースにしたものより軽くてコンパクトなものになるはずだった。1500ccを3分の2にした1000ccではストロークが88.9mmから59mmとなり、ショートストロークエンジンが増える傾向にあるとはいえ、ショートすぎるのではないかという懸念があった。

オースチンをベースにした1000ccエンジンは、日産が独自に計画したエンジンより、全長で35mm、全高で25mm大きくなり、重量で28kg重くなる計算だった。大きなハンディキャップであると思われたが、信頼性の確保とコスト削減によるメリットと比較すれば取るに足りないマイナス面であるというのがストーンの主張だった。また、ショートストロークすぎる点に関しても、アメリカのV8エンジンにはこれに近いものがあり、技術的な努力でカバーできるという意見だった。

こうして誕生したのがストーンエンジンと称されたボア73mm・ストローク59mm、988ccのC型エンジンである。ボアが大きいので高速回転では問題なかったが、低速時における実用性能の確保には苦労している。燃焼室の形状を工夫し、点火時期を早めるなどの対策がとられた。日本では低速でもトップギアで走る傾向があるので、ファイナルギアを含めたギア比も調整されている。

トランスファーマシンの据え付けに際しては、シリンダーのストロークを小さくしたブロックも加工できるように修正が加えられた。

シリンダーブロックの全高はストロークを縮めた比率に近い寸法まで短縮するのは無理で、その分コンロッドが長くなったものの、これはピストンスラップを低減するのに役立った。

オースチンエンジンは、吸入ポートがサイアミーズタイプになっているなど設計としては古めかしい点があるものの、イギリスの伝統を忠実に反映した手堅いエンジンだった。シリンダーブロックはクランクケースと一体の特殊鋳鉄製で、クランクシャ

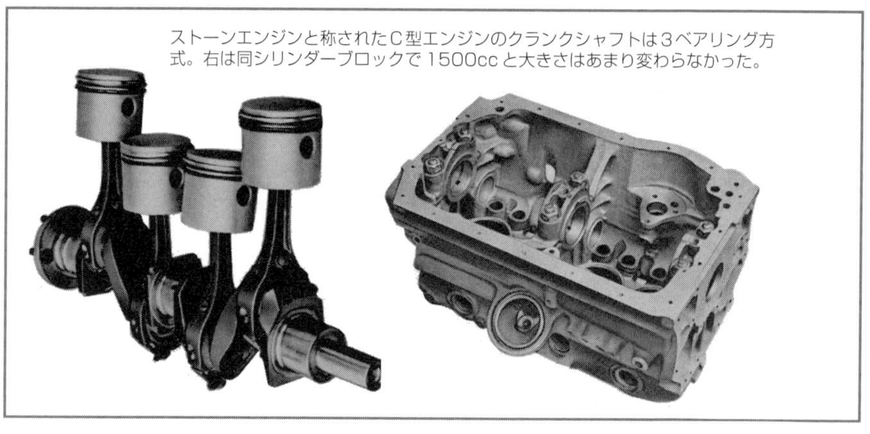

ストーンエンジンと称されたC型エンジンのクランクシャフトは3ベアリング方式。右は同シリンダーブロックで1500ccと大きさはあまり変わらなかった。

フトは3ベアリング式、カムシャフトはローラーチェーンで駆動されている。

これをベースにしたオーバーヘッドバルブ(OHV)式のダットサン用C型エンジンの燃焼室はバスタブ型、圧縮比7.0、最高出力34ps/4400rpm、最大トルク6.6kgm/2400rpmだった。

ダットサン310型はブルーバードという名称となり、ベストセラーとなった。エンジンは引き続きC型と、排気量をアップした1200ccE型が搭載された。

1957年11月にダットサンに搭載されて発売された。エンジン重量が大きくなり、サスペンションのスプリングを強化しボディをわずかに改良したものの、スタイルなどは1955年にデビューした110型と変わらなかった。これが、ダットサン210型という名称になった。この名称の変更はモデルチェンジに相当するもので、当時は新エンジンの搭載は、それだけ重要な変更だった。

旧型エンジンは振動や騒音が大きかったから、この変更は大いに歓迎された。低速でのトルクは旧型エンジンと比較すると数値的にはそれほど改善されていなかったが、加速時のエンジン音の高まりのフィーリングがいいこともあって、実際よりもエンジン性能が向上した印象を与えることになり、新エンジンは好評だった。

●ストーンエンジンからの派生機種

販売を増やしたダットサンは、トヨタのクラウンと同じようにアメリカへの輸出を計画。ここで問題となったのが、アメリカでは高速走行が当たり前だったために、シャシー性能もさることながら、1000ccエンジンではパワー不足だったことだ。悪路走行が多い日本では、高速での伸びはあまり要求されていなかったから、ダットサンは1000ccで充分と考えられていたが、アメリカでは通用しなかった。

輸出するにはエンジンの排気量を大きくする必要があり、1000ccのC型エンジンのストロークを71mmに伸ばした1189ccのE型エンジンが多くの部品をC型と共用して開発された。最高出力43ps/4800rpm、最大トルク8.4kgm/2400rpm、圧縮比7.5である。

E型エンジンは、1959年8月にダットサンがモデルチェンジされて310型ブルーバードになった際に搭載された。日本国内でも車両の速度向上要求が強まり、エンジン性能の向上が求められたことへの対応である。

ブルーバードは走るベストセラーと呼ばれ、国産乗用車のなかでは圧倒的な販売台数を誇り、1963年にモデルチェンジされて410型になる際にも、改良が加えられて同じ

1963年9月に登場したブルーバード410型にも改良を加えた55馬力の1200ccE1型が搭載された。

1000ccと1200ccエンジンが搭載された。

圧縮比は1000ccC型が7.0、1200ccE型が7.5だったが、ともにこのときに8.0まで上げられ、燃焼室を改良しシリンダーガスケットを共用している。2バレルキャブレターの採用、それに伴う吸排気マニホールドの改良、バルブタイミングの変更などで吸入効率を向上させている。シリンダーブロック側では、コンロッド、クランクシャフト、シリンダーブロックなどの主要部分を変更、コンロッドのキャップは斜め割りから水平カットになり、軽量化が図られている。

メタルの変更に伴って潤滑オイルはバイパス式の濾過式からフルフロー式に変更され、メタルに供給するためのクランクシャフトのオイル穴通路の開け方も変更された。

これにより、改良されたC1型は、最高出力45ps/4800rpm、最大トルク7.4kg-m/4000rpmに、同じくE1型は、最高出力55ps/4800rpm、最大トルク8.8kg-m/3600rpmになった。

ブルーバード410型は、そのデザインをピニン・ファリナに依頼したもので華奢なイメージがあって、コロナRT40型に販売で差を付けられたが、それを挽回する手段としてスポーティセダンであるSSモデルが追加された。

そのために、E1型エンジンのストロークを77.6mmに伸ばして1299ccにしたJ型エンジンがつくられ、高速性能を優先したものとなった。最高出力62ps/5000rpm、最大トルク10.0kg-m/2800rpm、圧縮比8.2である。

このように、ストーンエンジンは、その後の日産車の躍進を支えるエンジンに発展したのだった。

日産が最初に国産エンジンを開発するのは、1960年にデビューした1500ccOHV型のG型エンジンである。ブルーバードでは、1967年に登場した510型用のL型エンジンが日産独自のものだった。

三菱ジープ用Fヘッド直列4気筒エンジン

ウイリス・オーバーランド社との技術提携により、三菱が四輪駆動車のパイオニアともいうべきジープを国産化したことはよく知られている。日産のストーンエンジンの誕生の契機となったドナルド・ストーンが同社の技術者だったから、日本とは縁のあるメーカーということができる。

ジープの国産化に関しては、乗用車の技術提携とは異なる経緯があったが、契約内容は日産などと同じで、最初はノックダウンで組み立てられたが、順次部品の国産化が進められた。

Fヘッド直列4気筒エンジンを搭載したCJ-3B型ジープ。

1952年7月にウイリス社との技術提携に関する契約が結ばれたときのノックダウンによる生産は、ウイリス社でつくられたすべての部品を船で運んできて、新三菱重工業の名古屋製作所大江工場で組み立てるものだった。CKCといわれる完全ノックダウン方式である。契約に基づいて組み立て用の部品が1952年12月に届いて生産が始められた。

これはウイリスでCJ-3A型といわれたタイプで、戦後すぐにウイリス社が民間用に手直ししたジープを若干改良したもので、全長3275mm・全幅1635mm・全高1772mm、エンジンはウイリス社製のサイドバルブ方式の2199cc、ボア79.4mm・ストローク111.1mmのライトニング4型60馬力だった。

CJというのはCivilian Jeepの略で、民需用ジープという意味である。日本では三菱によってJ1型という名称になり、第一号車が完成したのは1953年2月である。まず林野庁に納入され、次に警察予備隊から編成替えによって保安隊となった保安庁に納入された。

●ウイリスジープに関する新しい契約の締結

戦後になって軍需が大幅に減少したために、ウイリス社は積極的に海外に売り込ん

最初につくられた三菱製のJ1型ジープ。フロントウインドウは可倒式になっている。

でおり、1951年ころから新三菱重工業とのあいだで技術提携による組み立てに関する契約交渉が進められていた。交渉中に、通産省では自動車に関する海外メーカーとの技術提携についての政策を打ち出し、部品の国産化などを条件にしたが、この通産省の政策がまとまる前にジープの契約交渉が煮詰められていた。したがって、最初に三菱がウイリス・オーバーランド社と契約した内容は、日産やいすゞがイギリスのメーカーと乗用車に関して提携したものとは異なる条件のものだった。

三菱でも、乗用車生産への参入のよい機会ととらえ、通産省の案にそって、これとは別に提携先としては、ドイツのフォルクスワーゲンやイタリアのフイアット社を候補として想定していた。1952年になるとフォルクスワーゲンが有力候補となったが、いくら三菱といえども、ジープと別に乗用車に関しても技術提携するわけにはいかない。二者択一の結果、ジープが選ばれたのだった。ジープにすれば公官庁への納入などの需要が見込まれた。

部品の国産化に関して、通産省の方針に基づいて組立する部品の国産化に関する契約が、改めてウイリス社とのあいだで結ばれた。契約の成立は1953年7月だった。

これにより単なる組み立てによる生産ではなく、製造販売権を供与される内容の契約となった。ただし、日本で生産されたものが輸出できる地域は、東南アジアなどに制限されていた。ウイリス社ではジープを9か国でノックダウン生産していたが、部品を国産化したりする自由度を認めた契約内容は、日本とのあいだだけだった。

ところで、戦後のGHQによる財閥解体の方針に基づいて3分割された三菱重工業のひとつである中日本重工業は、1952年5月に新三菱重工業に社名変更している。三菱という戦前からの財閥名を名乗ることが、このときに再び許可されたからで、日本の占領政策が終了し、独立国として活動していく時期と重なっている。

一方で、ジープが生産の主体だったウイリス・オーバーランド社は、業績が好調なこともあって乗用車部門にも力を入れるようになったが、これが裏目に出て企業の業績は悪化し、ヘンリー・カイザー社に買収された。

1953年4月には新しくウイリスモーターという社名になり、カイザーが社長に就任、カイザーフレーザー社の傘下に入った。戦後の混乱が終わり、新時代に向けた企業競争の激化と淘汰の時代が訪れつつあったのだ。

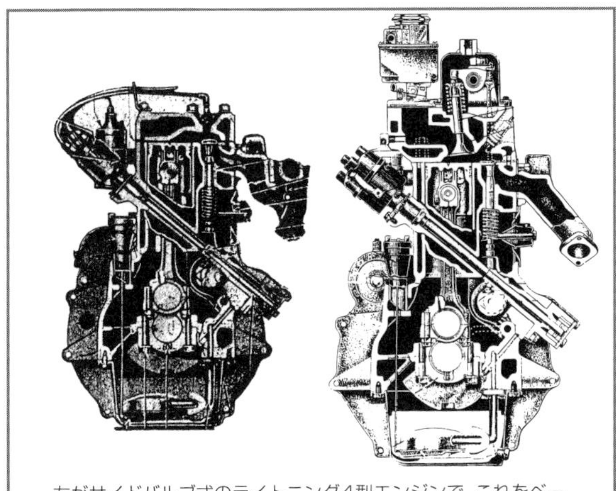

左がサイドバルブ式のライトニング4型エンジンで、これをベースに改良したのが右のハリケーンエンジン。SV エンジンをFヘッドにすることでシリンダーヘッドが高くなったが、生産設備をあまり変更しないでつくられたことが図面からもうかがえる。

ジープの国産化に伴って、1953年7月には新三菱重工業名古屋製作所内の自動車を担当する第一技術部にジープ設計課が設立された。ここでいう国産化とは、ウイリスジープ用の個々の部品を、アメリカから送られてくる図面と現物から順次日本国内で製作し、それを元に組み立てるもので、基本的にはウイリスジープ製部品と同じものである。

国産化に当たっては、使用される材料から加工状態まで、ウイリス社のエンジニアが個々の部品に関してテストして形式認定したものから国産化し、最終的には全部品を国産化して組み立てることになる。

しかし、実際にはウイリス社以外の部品工場で生産されていたものもあり、それらについては三菱が独自に手配しなくてはならなかった。こうした過程では、大江工場で実施していたGHQの要請を受けて、1947年から始められた在日米軍のジープの修理作業の経験が参考になったという。

●国産ジープ用のFヘッドエンジン

三菱がエンジンの国産化を始めたときに、ウイリスジープはモデルチェンジが図られ、新しくCJ-3B型となった。このときにエンジンも大幅に改良が加えられて、Fヘッドといわれるタイプのエンジンになった。これがユニークなものだった。

三菱が最初にライセンス生産したエンジンはJ1及びJ2用は2199ccで、これとは異なるライトニング4型と呼ばれたサイドバルブ型だった。サイドバルブエンジンは機構的にはシンプルであるが、吸排気バルブがシリンダーブロック側にあるために、燃焼室の形状をよくすることができず、出力を向上することがむずかしい。そこで、エンジンの生産設備をできるだけ変更しないで性能向上を図る手段として、吸気バルブだけをシリンダーヘッド側に配置し、排気バルブはサイドバルブエンジンと同じようにシリンダーブロック側にある機構のエンジンにした。

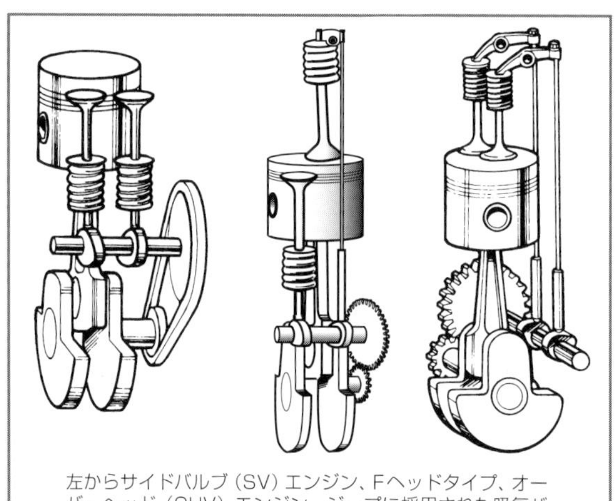
左からサイドバルブ（SV）エンジン、Fヘッドタイプ、オーバーヘッド（OHV）エンジン。ジープに採用された吸気バルブがシリンダーヘッド側にあり排気バルブがブロック側にあるFヘッドが、両者の中間タイプであることが分かる。

これがFヘッドといわれるものである。吸気バルブをシリンダーヘッドに配置することによってバルブの傘径をそれまでより10mm大きくすることができ、大幅な吸気効率の向上が図られた。燃焼室形状もサイドバルブよりも良くなり、吸気ポートの抵抗も小さくなった。性能は同じ排気量でありながら、60馬力から70馬力へと向上した。機構的には、サイドバルブ式からOHV型に移行する中間的なもので、吸排気バルブの配置が全く異なるので、バルブ開閉機構が複雑になる。また、ヘッド部分の形状が異なり、加工面で多少複雑になった。

欠点として浮かび上がったのは、シリンダーヘッドが高くなることによって重心位置が高くなり、それまでのようにボンネット内に納まらなかった。エンジンフードが高くなり、ジープの軽快で精悍な印象がやや薄められた。しかし、出力の向上を考慮すれば、やむを得ないという判断だった。

ウイリスでは、このエンジンをハリケーン4型、国産化に当たって三菱ではJH4型と称した。

エンジン性能の向上を図るには、新規に設計から始めて新技術を導入したほうが効果的だが、そのためには開発に時間がかかり、生産設備も新しくしなくてはならない。投資が莫大になるのをさけて、従来からある設備をできるだけ多く利用しながらエンジンを改良して性能向上を図ることにしたのだ。性能の向上幅は大きくないものの、投資が少なくなるぶんリスクが小さくなる。これは、アメリカではよく使われる手法である。このころは、サイドバルブ型からOHV型に移行していた時期であるが、ウイリス社がOHVにするための設備投資の増大を避けたために誕生したものといえる。その後、三菱内部でテストがくり返され改良が加えられた。

●国産化の経緯

車体のほうも、このときに改良された。車両サイズは全長3390mm・全幅1665mm・全高1890mmと一回り大きくなった。ホイールベース2032mm、車両重量1085kg、4人乗

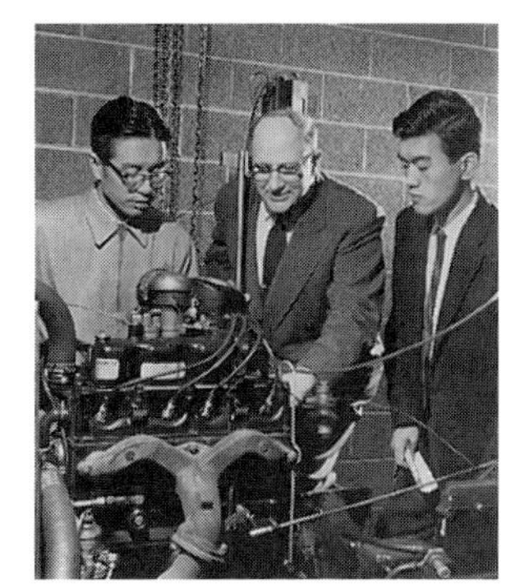

ウイリス・オーバーランド社での国産化された部品によるエンジンテスト風景。

三菱でつくられたFヘッドを持つJH4型ガソリンエンジン。

りまたは2人乗りプラス250kgの積載量だった。民間用はJ3型で、防衛庁に納められた仕様のジープがJ4型と呼ばれた。車両の全長や全高などのサイズは装備によって異なるが、基本的な機構などは同じである。車両重量はJ4型が1250kgと重くなっている。J3型は6V電装、J4型は12V電装である。これらはいずれもウイリスジープ同様に左ハンドル車だった。

エンジンの国産化は、京都製作所が担当した。技術提携による国産化をスムーズに進行させるために、三菱では6人の技術者をアメリカのウイリス社に派遣している。アメリカのメーカーの生産の仕方やテスト方法などを学び、どのような部品にどんな材質が使用されているか、強度を上げるための熱処理の仕方、精度はどこまで上げる

三菱の大江工場におけるジープの生産風景。

かなどを調査した。

1954年12月に国産化されたエンジンの1号機が完成、ウイリス社のテストを受けるために2基のエンジンがアメリカへ船便で送られたのは1955年9月のことだった。

このエンジンが到着するタイミングを見計らってエンジニアがアメリカに派遣された。ユリー湖畔のカンザス市にあるウイリス社で日本の技師を交えてテストが実施された。耐久試験は一日10時間の連続運転で実施されるが、最大定格回転速度である4000rpmを10%オーバーした4400rpmで合計300時間というもので、当時の日本では考えられない厳しいものだった。250時間を過ぎたところで異音が発生したために分解したところ、吸気バルブ用のスプリングに異常が見つかるなどしたが、すぐに対策して、ことなきを得た。

アメリカ本社でのテストに合格したことで、このエンジンは正式認可され、1956年3月から国産化されることになり、月産200台の計画でスタートしている。

この時代には日本の官庁に納入するものであっても、軍用品は在日アメリカ軍の物資調達局を経由して納入されることになっており、国産化されたジープもエンジンを含めて審査に合格する必要があった。自衛隊で激しい使用状態が想定されるから、審査も厳しく、細かくチェックされた。これにより、三菱とその部品供給先は大いに鍛えられた。

このときにエンジンを生産する京都製作所は、ジープ用エンジンのシリンダーブロック加工用のセミトランスファーマシンを完成させ、量産化に踏み出している。

●その後の展開

ジープ用エンジンの国産化は、三菱の小型自動車用エンジン開発のために大きな役割を果たした。自動車関連で三菱がこの時点で生産していたのは、オート三輪車やスクーター用エンジンがあったが、いずれも空冷のシンプルなもので、戦前から航空機用エンジンを開発していた三菱京都製作所での生産ではなかった。その後、このFヘッドを持つエンジンは、1970年までジープ用として三菱で生産され続けた。

しかし、Fヘッドをもつガソリンエンジンは、燃料事情のよくない東南アジアなどに輸出するのに障害になった。現地ではオクタン価の低い燃料が使われることが多く、そのためにエンジントラブルが発生した。

そこで、燃料の質に関して許容範囲の広いディーゼルエンジンの開発に着手することになった。経済性に優れるというメリットもあるが、東南アジアではディーゼルエンジンにすれば、多少質の悪い燃料でも使えるからだった。

この開発には技術力が要求された。ディーゼルエンジンといえば、大型バス・トラックなどに使用される大排気量エンジンが主流だった時代である。小型の高速ディーゼルエンジンは運動部品の強度や燃焼問題、燃料噴射ポンプの精度などの技術的な問題の克服が必要だった。それに、ガソリンエンジンと同じサイズにしないと搭載できないという制約があった。

ガソリンエンジンをベースにして開発されたKE31型ディーゼルエンジン。東南アジア向けのジープに多く搭載された。

しかし、同じ排気量ではディーゼルエンジンはガソリンエンジンより性能的に劣ったものにならざるを得ない。2200ccのエンジンはガソリンエンジンに換算すると1500ccくらいの性能になる計算だ。ボア・ストローク79.4×111.1mmのガソリンエンジンをベースに、排気量を変えずにディーゼル化したのは、このくらいの性能でもいけると判断したからだ。エンジンの外形寸法は全高が低くなるが基本的には同じ、重量増も10%ほどの20kgの増大で納まっている。燃焼室は予燃焼室式、燃料噴射ポンプは京都製作所製の小型列型を用い、タイミングギアケースに直結されている。

最初の最高出力は56ps/3500rpmだったが、次の年には61ps/3600rpmに向上している。ガソリンエンジンに比較して加速性能でやや劣るが、実用性能は十分に確保したものになったという。

このディーゼルエンジンはKE31型として、ジープに搭載して1958年7月から生産を開始した。これがジープJC3型となり、その後のジープの主力エンジンになっただけでなく、三菱の小型トラックのジュピターや小型バスのローザにも搭載され、これをベースに6気筒化したKE36型がジュピタートラックに、4気筒のKE31型とともに搭載された。

ちなみに、1982年に登場したジープに代わる4WD車の三菱パジェロが開発されたのは、ジープの輸出が、契約により東南アジアなどの地域に限定されていたからだ。独自に開発して全世界に輸出することを目的にしたのである。使い方を考慮して、ジープほどのスパルタンなものにせずにオンロード走行を意識したものにしたことで、新しいタイプのRVとして脚光を浴びた存在となり、パジェロは1980年代の三菱自動車の儲けがしらになった。

第5章
2サイクルの軽及び小型自動車用エンジン

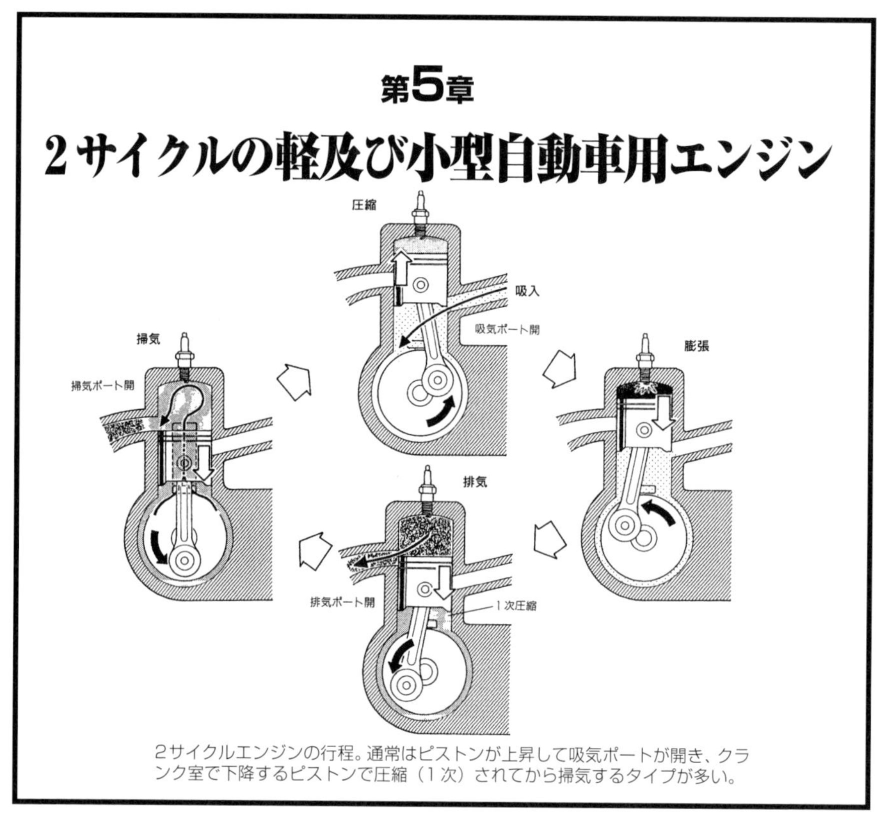

2サイクルエンジンの行程。通常はピストンが上昇して吸気ポートが開き、クランク室で下降するピストンで圧縮（1次）されてから掃気するタイプが多い。

ホンダを別にすれば、オートバイ用エンジンは、特に50ccや125ccなどの小排気量では、2サイクルが支配的だった。ひとつのシリンダーが小さいエンジンでは、クランクシャフトの1回転ごとに燃焼する2サイクルのほうがパワーを出しやすかった。4サイクルエンジンでは吸排気バルブなどに動弁機構が必要とされ複雑になり、コストがかかるものになる。そのかわり、バルブで吸気や排気をコントロールするので、メリハリのある安定した燃焼が得られる。今では2サイクルエンジンは、四輪車用としては姿を消しているが、小排気量エンジンではコンパクトで構造が簡単、出力的にも有利であると、1960年代までは軽自動車用を中心に採用例は多かった。さらに小型車に搭載したのが、三菱とスズキである。いずれも軽自動車用エンジンで実績があり、技術的に可能であると開発に踏み切ったものだ。

軽自動車の場合は、車両サイズが限られることもあって、エンジンもコンパクトにする必要があり、その点では2サイクルのほうが有利であった。しかし、2サイクル特有の排気の匂いや白煙、さらには騒音といった点で安っぽさが付きまとうところがあった。軽自動車であれば我慢できるものであっても、小型車になると敬遠されることになるものだ。

しかし、2サイクルエンジンがもっている欠点を克服すれば、排気量の小さいエンジンとしては出力的に有利であると、低速時のトルク低下、排気の汚れやオイル消費の削減、振動騒音などの低減に取り組んだ。潤滑は、当初燃料の中にオイルを混ぜて一緒に燃やしてしまう混合給油式が普通だったが、分離給油方式を採用したものに進化している。4サイクルと違って毎回燃焼する2サイクルでは、小型車用ではバランスのよい3気筒としている。

2サイクルエンジンでは吸入する新気が排気を押し出す「掃気」行程に特徴がある。4サイクルエンジンではピストンの上昇時に排気バルブが開いて排出されるが、2サイクルの掃気では吸入と排出が同時に進行する。この掃気の方式にはさまざまな種類があった。そのなかで、機能的に有利なシュニューレ方式が多くなっていったが、それまでにいろいろなアイデアが出されて、機構的に異なるエンジンも開発されている。

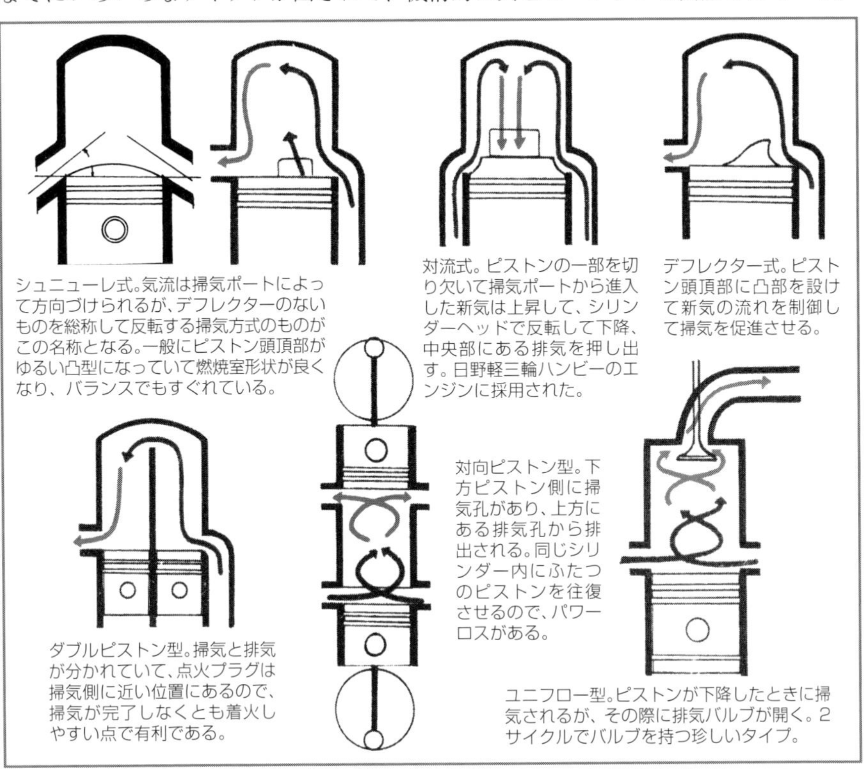

シュニューレ式。気流は掃気ポートによって方向づけられるが、デフレクターのないものを総称して反転する掃気方式のものがこの名称となる。一般にピストン頭頂部がゆるい凸型になっていて燃焼室形状が良くなり、バランスでもすぐれている。

対流式。ピストンの一部を切り欠いて掃気ポートから進入した新気は上昇して、シリンダーヘッドで反転して下降、中央部にある排気を押し出す。日野軽三輪ハンビーのエンジンに採用された。

デフレクター式。ピストン頭頂部に凸部を設けて新気の流れを制御して掃気を促進させる。

ダブルピストン型。掃気と排気が分かれていて、点火プラグは掃気側に近い位置にあるので、掃気が完了しなくとも着火しやすい点で有利である。

対向ピストン型。下方ピストン側に掃気孔があり、上方にある排気孔から排出される。同じシリンダー内にふたつのピストンを往復させるので、パワーロスがある。

ユニフロー型。ピストンが下降したときに掃気されるが、その際に排気バルブが開く。2サイクルでバルブを持つ珍しいタイプ。

ホープスター軽三輪トラック用ダブルピストンエンジン

1947年にサイドカーなどを想定してつくられた最初の軽自動車の規定は、明らかに四輪車を想定したものではなかった。その後、エンジン排気量が360ccに引き上げられ、車両サイズも四輪として成立するようになったのは1951年のことで、これによって軽自動車の開発が期待されるようになった。初期の軽自動車は、町工場規模のメーカーによってつくられたものが多く、量産にいたらないものが大半だった。

1953年につくられた最初の軽三輪車ホープスター号。このときには4サイクルエンジンだった。

さまざまな機構の軽自動車が登場するようになったが、その中で注目されたのがホープ自動車による軽三輪車である。その後のミゼットに繋がる軽トラック誕生であるが、最初の量産タイプともいえるものだ。それ以前の軽は市場に出回っているエンジン部品を流用した一品料理的なクルマや、スクーターをベースにした三輪車などばかりであった。

いまとなってはホープスターというメーカーの名前は年輩の人たちのあいだで懐かしいものである。1960年代に姿を消しているが、軽自動車の歴史を振り返るときには忘れてはならないメーカーである。

ホープスターをつくっていたホープ自動車は、中小自動車メーカーであったが、1950年代に存在感を示し、量産メーカーとならなければ生き残れないことを察して自動車部門から撤退して、機械類のメーカーとして方向転換をしたのだ。

●先駆的な軽三輪トラックの開発

技術力に優れた経営者を中心にして注目されるクルマをつくり上げることで自動車メーカーとなったホープ自動車は、個人企業から1953年に法人化してホープ自動車になっている。オートバイなどの販売修理業から軽自動車メーカーになったもので、オーナー経営者であり開発トップでもある小野定良の技術力と経営力に頼る企業であった。

1953年につくった最初の軽三輪車からホープスターを名乗り、その出来映えが評価された。三輪トラックと同じに鋼板チャンネル材を用いたハシゴ型フレームを採用、プロペラシャフトを持ちデフを備えていた。小野が自ら設計したエンジンは、ボアをくろがね750cc2気筒エンジンと同じにして、コンロッドとクランクシャフトのローラー及びボールベアリングはマツダ車と同じサイズになっていて、他のエンジンの補修部品を流用できるように配慮され、エンジンの生産も委託してつくられた。4サイクルエンジンで、トランスミッションやプロペラシャフトやデフなどもダットサンのものを流用している。

これが評判が良かったことで、ホープ自動車は次のステップに進むことが可能になったのである。

●2サイクルU型ダブルピストンエンジン

最初の軽三輪車で4サイクルエンジンとしたのは、主力メーカーのオート三輪用補修部品を流用することが可能であったからだが、ある程度量産できる力を付けてきたことで、独自のエンジンを搭載することにした。

採用したのは2サイクルエンジンとしてもユニークな機構であるダブルピストンエンジンである。

ホープスターで採用した掃気法は、ひとつのシリンダーに並列した二つのピストンが往復して掃気をするものである。壁に隔てられた片方のピストンが下降してピストンバルブにより掃気ポートから新気を導入する。勢いよくシリンダー内に入った新気が排気を押し出す。排気ポートはもうひとつのピストン側に開けられている。掃気をスムーズにするために二つのピストンを使用するのだ。

燃焼室は二つのピストンが上死点に達したときのシリンダーヘッドのふくらみで、点火プラグは当然ひとつだけである。掃気はピストンによる強制方式で、通常のクランクケース圧縮式より自由度が大きくなっているのも、このエンジンの特徴である。

ダブルピストン方式を採用したのは、2サイクルのウイークポイントともいうべきアイドリング時の燃焼の不安定さをなくす目的で

1956年に登場したホープスターSU型には
2サイクルU型エンジンが搭載された。

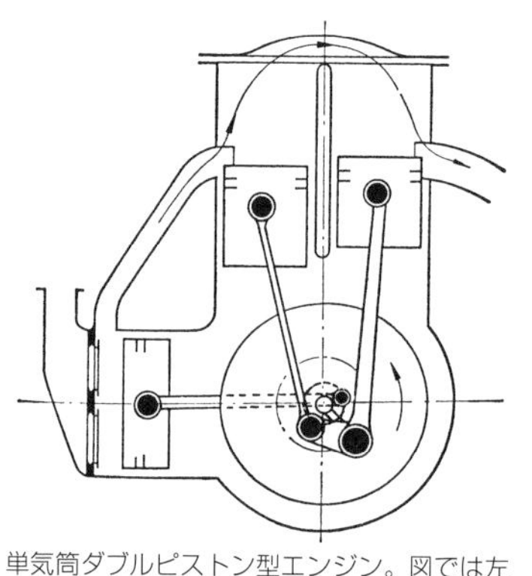

単気筒ダブルピストン型エンジン。図では左側に掃気ポート、右側に排気ポートがあり、1スローのクランクシャフトで二つのピストンをコントロールする。点火プラグは掃気ポート側ピストンの上部に配置されている。

あった。しかし、ピストン間にある隔壁や排気ポート側は熱的に厳しくなるので、出力の向上を図るには無理があった。とはいえ、方向が定まらない1950年代の前半にあっては、それなりに通用するエンジンになっていたのである。

●その開発の背景

ホープスターのエンジン開発では、トーハツでオートバイ用エンジンの開発を手がけた十条精機の田宮工場長が主導した。ホンダやヤマハなどに次ぐ有力オートバイメーカーとして活動したトーハツは、2サイクルエンジンを得意とし、ダブルピストンエンジンの試作もしていた。ホープスターが採用したダブルピストンエンジンの源流はドイツのメーカーTWN社が手がけたもので、ひとつのクランクシャフトにU型にダブルのピストンが繋がっていたことでU型エンジンと称された。日本でも125ccでこのタイプのエンジンを使用したバイクがあった。トーハツの開発に携わった田宮氏がその実用化に情熱を傾けていたのに、ホープ自動車の小野社長が目をつけたものである。

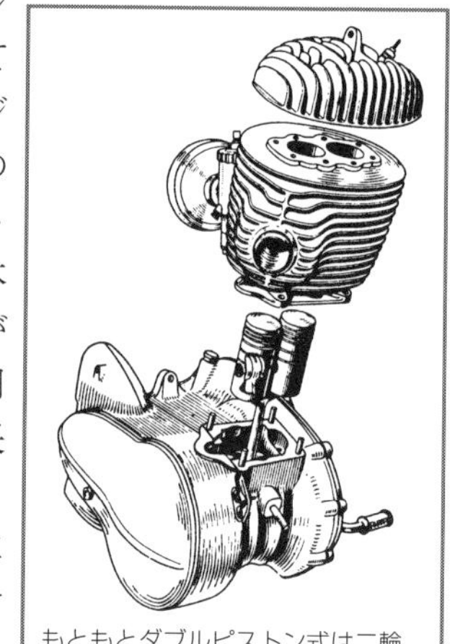

もともとダブルピストン式は二輪用エンジンで用いられていた。図はドイツ TWN 社のエンジン例。

ホープ自動車は軽三輪をある程度量産するようになったものの、エンジンまで自社工場で生産するだけの余裕がなかった。そこで、十条精機で製作して、それを供給することにしたのである。もちろん、試作さ

ホープスターSU型。積載量は300kg、ミゼットの登場までは軽三輪トラックの販売でトップとなっていた。

れたエンジンをホープスター軽三輪車に搭載して開発に手を貸しながら、実用性があることを確認し、このユニークなエンジンの誕生となったものである。

2サイクルエンジンでは、アイドリング時などの超低回転時の不安定さを克服するのに苦労していた。その点で二つのピストンで掃気と排気を分担すると4サイクルによる吸排気バルブでの吸入と排気行程に近いかたちになり、着火が安定する。したがって、このU型エンジンを搭載したバイクに乗ると2サイクルエンジン車ではないような感じになるという。低回転時でもうまく掃気して点火プラグで着火するのは、排気する側のシリンダーにのみ排気が残され、点火プラグまわりは吸入された混合気が集まり、アイドリング時の燃焼が安定したのである。

●その後の経過

このエンジンを実用化することで、ホープスターは360cc単気筒エンジンで15馬力を発生させている。この時代にあっては、そこそこの性能といえるが、奇妙なことにその前に搭載していた4サイクルエンジンもカタログなどでは15馬力を5000rpmで発生すると書かれている。この数値は最高回転を上げてのものである。

この4サイクルエンジンのボア・ストロークは70mm×90mmの350cc、2サイクルU型エンジンは56mm×71mm、圧縮比6.4となっており、最高出力時のエンジン回転は3700rpmである。

U型2サイクルエンジンを搭載したSU型軽三輪トラックは、車両の軽量化も図られて非常に好評だった。1956年のことだから、きわめて先駆的であったといえる。軽三

1958年に登場したホープスターSY型。同じ2ストロークU型エンジンで、丸ハンドル車となった。

輪トラックとしてブームを起こすミゼットの誕生は1957年のことで、ホープスターはその露払いの役目を果たしたことになる。

ホープスターが発売されるころにはスクーターをベースにした軽三輪トラックなどは姿を消しており、ダイハツやマツダは軽自動車には進出していなかったので、ミゼットが登場するまではホープスターが市場を支配することになったのである。

耐久性で問題があると思われたものの、実際には、強制空冷でも目立ったトラブルが発生しなかったという。低速トルクがあることから使いやすいエンジンとして好評を博し、月産500台と、当初のホープ自動車では信じられないほどの売れ行きだった。

1958年には、モデルチェンジが図られ、ホープスター軽三輪は丸ハンドルになり、一

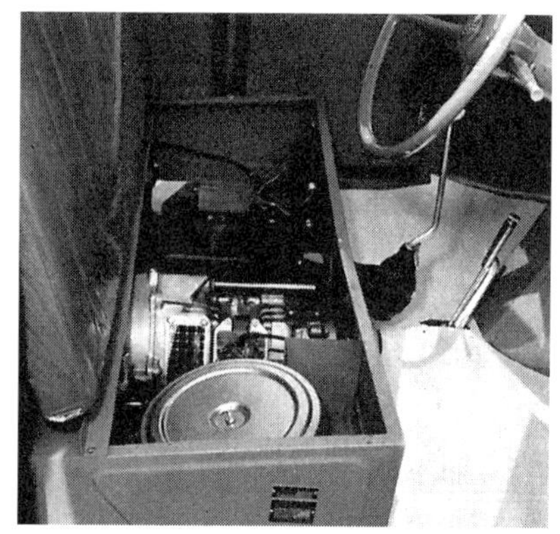

1960年にはガスデン製2サイクル・ロータリーバルブエンジンを搭載。写真は1962年発売のST型。エンジンは強制空冷でシート下に格納された。

段と商品性を高めた。しかし、ダイハツのミゼットの登場は、ホープスターに大きな打撃を与えた。シンプルでありながら機動性があり、サービス体制もしっかりしており、第一に知名度でも大きな違いがあった。ホープスターの車両価格は23万円に対して、ダイハツミゼットは19.8万円と安かった。

ホープ自動車は、起死回生のために軽四輪車を開発する。軽四輪トラックの生産もダイハツやマツダより早かった。

ここでもパイオニアとしての役目を果たした。1960年に軽四輪トラックのホープスター・ユニカーを発売したが、これは軽三輪車を四輪に改造したもので、ピックアップ型のトラックだった。翌61年にはトラックとしての機能を充分に果たすようにつくられた軽四輪車ホープスターOT型、さらにはキャブオーバートラックのOV型などの新型車を投入した。

これら軽四輪トラックに搭載されたのはガスデン製の2サイクル2気筒エンジンだった。より安定した性能のものにするためであった。

このエンジンに目をつけた小野社長がエンジン供給を受けることになったのだ。しかし、初期には致命的となるエンジントラブルが生じるなどホープスターのイメージを下げる結果になった。ロータリーバルブの2サイクル2気筒エンジンは17馬力を発生し、U型シリンダーのエンジンより性能的には上まわったものの、ホープスターにとっては“ケチのつき始め”ともなった。

急成長する軽自動車市場も、1960年代に入ると大メーカーが多くの技術者を動員してエンジンや車両を開発し、最新の生産設備でつくられるものでなくては競争力のあるものにならなかった。

ホープ自動車の小野社長は、1965年7月で自動車の生産を一時的に停止する決定をくだした。ホープ自動車は4WD車を開発しており、その製造権をスズキ自動車に譲りわたした。それが、後にジムニーとなって、スズキのドル箱のひとつになっている。

コニーグッピーの2サイクル200ccエンジン

名古屋地区でオート三輪車ヂャイアントをつくっていた愛知機械工業が、軽自動車部門に参入するに当たって、その車名を「コニー」とした。幅広くペットネームを募集して、英語でウサギの古語であるコニーと決定したものである。1950年代の後半から三輪トラックの販売が落ち込むようになり、将来性のある分野に転換せざるを得なくなったからである。

軽三輪トラックのコニーが発売されたのは1959年、ミゼットがブームとなって販売を大幅に伸ばしているときだった。後発となったコニーは、販売体制や量産による車両コスト、性能や人気といった点でも、太刀打ちできるものではなかった。急遽、このコニー軽三輪をベースにした軽四輪トラックを市場に送りだしたが、マツダやダイハツがすぐ後に、それより優れた軽四輪トラックを発売すると影の薄い存在にならざるを得なかった。そうした中にあって、それまでにないコンセプトのクルマとして誕生したのがコニーグッピーである。

●そのユニークさ

エンジンは2サイクル強制空冷単気筒199cc、ボア・ストロークは65mm×60mm、圧縮比は6.8である。掃気方式は、当時のスタンダードともいうべきシュニューレ式。ドイツのシュニューレの考案になるのでその名があるが、ピストンが下降した際にシリンダーライナーにある掃気孔から新気が吸入されて排気を押し出す横流れの掃気である。スバル360に採用された2気筒360ccエンジンもこの方式であった。

100kgの荷物を積めるピックアップトラックとして登場した軽四輪のコニーグッピー。

したがって、機構的にユニークなところがあるわけではない。しかし、ここで採り上げたのは軽自動車といえども四輪車であり、ある程度の量産車とし

て今日まで市販された四輪のなかで、極めて排気量が小さいエンジンだからである。

実際にはスクーターなどのエンジンを流用すれば、これと同じ程度のものになるということもできる。最高出力は11ps/6000rpm、最大トルクは1.6kg-m/4500rpmという数値が発表されている。

このエンジンは、この車両のコンセプトにマッチしたものである。開発の狙いは、スクーターに乗っているユーザーを取り込もうとしたもので、そのためには車両価格を抑える必要があった。当初の目標では価格20万円と設定されて、コストをできるだけ削減する計画で開発が進行した。スクーターと同じくトルクコンバーター付きで2ペダルとし、デフも装着されている。このトルコンは岡村製作所製だった。

●開発の背景

この企画は、軽自動車とスクーターの中間の、それまでにないジャンルのクルマとして開発がスタートしている。軽自動車のサイズにこだわらずに、できるだけ小さくする狙いで、全長は2565mmとなっている。当初の企画では前2輪後1輪形式の計画であったという。しかし、走行安定性などを考慮して四輪にすることになり、結果として軽四輪車になった。2人乗りで0.6m²の荷台を持つピックアップトラックであるが、愛知機械の開発スタッフのあいだではコマーシャルクーペと表現されていて、小さい荷物も積める準乗用車というのが狙いであった。そのためにスタイルの良さにこだわった。

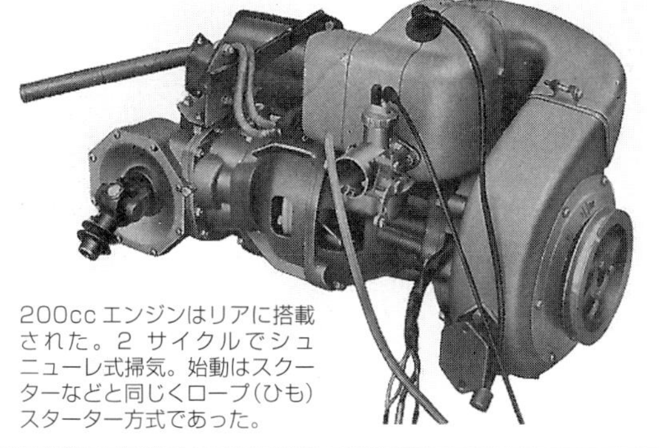

200ccエンジンはリアに搭載された。2サイクルでシュニューレ式掃気。始動はスクーターなどと同じくロープ(ひも)スターター方式であった。

自動車として成立する最小のサイズとして開発された点でもユニークな試みである。トルコン付きにして運転しやすく、合理的にするためにRR方式が選択され、サスペンションは前ウィッシュボーン式・後トレーリングアーム式の独立懸架と、かなり贅沢な機構を採用した。タイヤは8

インチ径で、スクーターと同じサイズである。275kgという軽い車体重量なので加速の際も問題ないという考えだった。ちなみに前進の変速比は1.111、最終減速比は5.286で、80km/hが最高時速であった。

●その後の展開

1961年5月に発売したコニーグッピーは、当初月間販売300台、1962年度は年間5000台の計画でスタートした。しかし、実際には、その目標を上まわることはなかった。スクーターからの乗り換えが予想以上に進まなかったのは22.5万円という価格のせいだったろう。大卒の初任給が2万円ちょっとの時代であるから年収に近い価格は、気軽に手の出るものではなかった。いっぽうで、それよりも価格的には高いものの、300kgの荷物を積める軽四輪トラックは販売を伸ばしていた。同じように軽三輪トラックはミゼットとマツダK360が二大勢力として他のメーカーを蹴散らす勢いを見せていた。

全長2565mm、全幅1265mm、全高1290mm、ホイールベース1670mm、車両重量275kg、タイヤは8インチ径を採用。軽四輪としては最も小さいサイズである。

最初のミゼットは250cc単気筒でキャビンも独立しておらず、ライトも一つ目だった。見方によってはコニーグッピーより快適な乗りものではない。しかし、手軽に荷物を運べるという点では、はるかに優れていた。

コニーグッピーのコンセプトは、それまでにないものだったが、そこそこに快適でわずかながら荷物も積めるといった程度のクルマにしては車両価格が高すぎたのだ。その意味では中途半端なものに映ったのであろう。

トルコン付きで２ペダル方式を採用している。

1960年代は、池田内閣による所得倍増計画が実施されて、実際にはそれ以上の経済成長を果たしていく。そうした時代にあっては、身の丈に合ったものよりも、少しは背伸びをしたもののほうがユーザーに興味を持たれた。もしも、経済成長がなく、もう少しささやかにモータリゼーションが発展していくような状況になっていれば、あるいはコニーグッピーが評価され、売り上げを伸ばしたかもしれない。

コニーグッピーは4654台を販売して、1962年3月には早くも生産中止となった。これ以外のコニー軽四輪車の販売も落ち込んで、経営的に苦しくなった愛知機械は、生産規模の縮小を余儀なくされたからである。

独自路線で生き抜くのがむずかしくなった状況のなかで、日産が愛知機械の工場設備に注目する。最初は技術提携から始まったが、日産車の部品をつくるようになり、やがてコニーの販売店も日産の名前が付けられるようになり、1970年にはコニー車の生産が全面的に中止される。愛知機械は日産傘下の工場としての機能を果たすようになる。

この時代の日産自動車は、軽自動車には全く興味を示さなかった。その日産がスズキなどからOEMによる軽自動車の供給を受けて日産車として販売するようになったことを考えると、コニーには軽自動車の開発を持続させる可能性がなかったのだろうかと感慨を持たざるを得ない。

自動車の歴史のなかでは失敗作といわれているが、コニーグッピーに思い出を持ち、最小の軽自動車として愛嬌のあるスタイルを好む人たちもいて、東京や名古屋では1960年代は、その走る姿が見られたのだった。

スズキ・フロンテ800用2サイクル3気筒エンジン

いち早く軽自動車部門に参入したスズキは、1961年ころまでに地歩を築いた。その勢いで小型乗用車の開発をはじめたが、実際には通産省が乗用車の貿易自由化対策として打ち出した、自動車メーカーに制限を加える方針を意識し、小型車を市場に投入して既成事実をつくるための進出という意味もあった。

800～1000ccクラスの小型車は、パブリカを初めとして、ファミリアやコンパーノなどがあるなかで、スポーツ要素を持ったファミリーカーという位置づけであった。1963年に鈴鹿サーキットで第一回日本グランプリレースが開催されたことがきっかけとなり、スポーツ熱が高まったという背景がある。

●排気量の大きい2サイクルエンジン

スズキは、一貫して2サイクルエンジンを搭載するメーカーであったから、2サイクルエンジンを搭載する乗用車として開発、戦前からの実績を持つドイツのDKWをモデルにして開発された。

DKWは、日本グランプリレースでも活躍しており、スポーティなクルマとして知られていた。DKWの800ccエンジンはボア・ストロークが70.5×68mmであった。スズキでも2サイクルの優位性を生かし、800ccでありながら4サイクル1000ccエンジンに優る性能のものにするという意気込みだった。

日本では1965年8月に発売された、スズキのフロンテ800が最初の2サイクルエンジンを搭載した小型乗用車であった。このころには39馬力だったDKWは排気量を大きくして、1195ccで最高出力60ps/4500rpmと高性能だった。さらに、スウェーデンのサーブの2サイクルエンジンは841ccで40ps/4250rpmという性能だった。

デッキスタイルのフロンテ800。そのスタイルは好評だった。

フロンテ800ではボア70mm・ストローク68mmの785cc、最高出力41ps/4000rpm、最大トルク8.1kg-m/3500rpmと、性能的には引けを取らないものになっていた。

しかしながら、ボア70mmと

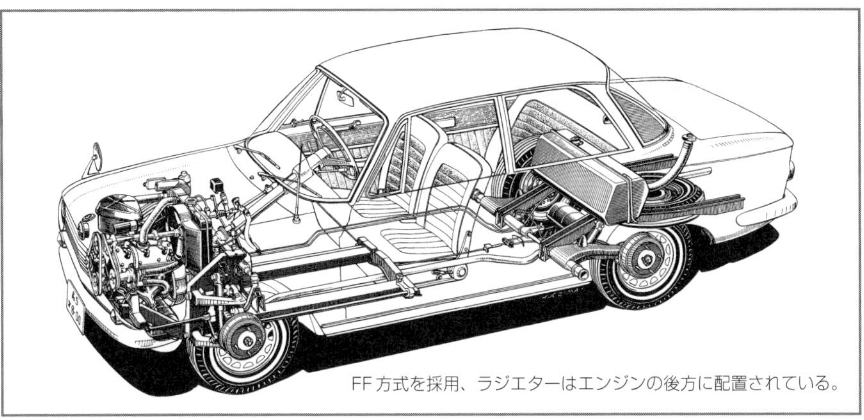
FF方式を採用、ラジエターはエンジンの後方に配置されている。

縦置きにされたエンジンはボンネットを低くするために傾斜して搭載されている。

スポーティさを強調したインテリアになっている。

1964年のモーターショーで姿を現したフロンテ800。

いうのは、かなり大きなものになり、安定した燃焼にするのに苦労したようだ。性能を出すためにショートストロークにして、なおかつ振動や騒音で有利な3気筒にしたからである。もちろん、DKWもサーブも3気筒を選択しているのは、クランクシャフトの1回転で出力行程が1回ある2サイクル3気筒エンジンでは、点火順序は1-2-3の順番になり、120度の等間隔爆発になるので、バランスがよいからだ。

●開発の経緯

フロンテ800は、1964年10月に開催された晴海での東京モーターショーで初めて姿を現した。このときに話題をさらったのは、ロータリーエンジンのコスモスポーツだっ

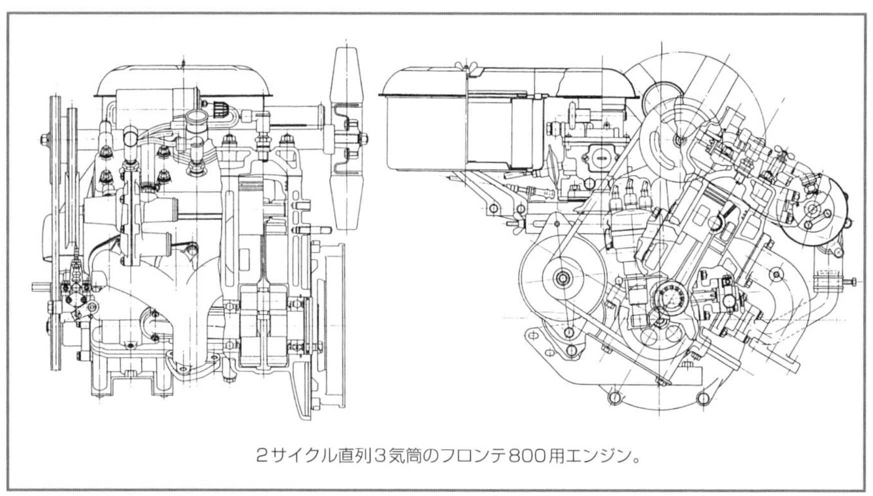
2サイクル直列3気筒のフロンテ800用エンジン。

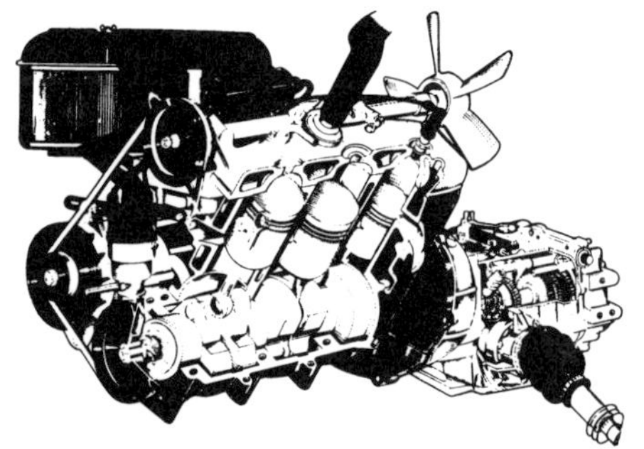

ラジエターはエンジン後部に配置され、ファンはエンジン前部にあるベルトからシャフトを介して駆動される。

たが、スタイルの良いフロンテ800も、それなりに注目を集めた。

軽自動車のフロンテ360同様にFF方式にして、室内を広く取って5人乗りとしている。フロントガラスだけでなく、サイドも曲面ガラスを使用して、スポーティなデザインを心がけて、他のメーカーのクルマとの違いを強調していた。

FF方式の採用に当たっては、走行性能を重視して四輪独立懸架を採用した意欲作だった。とくに、小型車としては日本で最初のFF車であり、その成立のために等速ジョイントを用いたフロントのドライブシャフトが開発のカギであった。この実用化に多くの時間がかかった。フロンテ800に次ぐ日本のFF車としてはスバル1000があるが、同様に等速ジョイントで苦労したものだった。

エンジンは水冷になっているが、

ラジエターはエンジンの後方に配置されている。通常は走行風を当てるために先端にあるが、そうするとそのぶんボンネット部分が長くなってフロントのオーバーハングが大きくなるので、それを避けるためのレイアウトであった。

●その後の経過

残念ながら、前評判と異なり、販売は思うように伸びなかった。開発のひとつの目標である小型部門での実績づくりに関しては、1965年10月に貿易自由化が実施され、結局は自由競争することが保証された。

スズキでは、市販したものの、実用性を高めるために熟成するには多くの技術者を投入しなくてはならないことから、従来どおり軽自動車の開発と生産に力を入れる方向を決断した。いっぽうで、1000ccクラスの乗用車は、どのメーカーも力を入れてきており、特に1966年になるとサニーとカローラが登場、フロンテ800は影の薄い存在になった。

それぞれにOHV型のハイカムシャフトを採用するなど4サイクルエンジンとして性能を高めたサニーとカローラは、エンジン回転を上げる技術を身につけており、2サイクルのメリットを発揮することがむずかしくなり、2サイクル独特の燃焼音も小型車ではユーザーの好みに合わなかった。また、多くがコンベンショナルなFR方式を採用しており、小型車としてのFF方式は敬遠されるところもあった。サスペンションも含めて、その良さを充分に発揮するには技術と時間が必要であった。

結局、1969年には生産中止され、生産台数は3000台近くにとどまった。この後、スズキは軽自動車の販売を大きく伸ばし、独自の行き方で成長を続けていく。1981年にはアメリカのGMと提携し、小型車を再び市販するのは1984年6月のことで、4サイクル直列4気筒1000ccエンジン搭載の乗用車カルタスまで15年の空白があった。

三菱コルト800用2サイクル3気筒エンジン

三菱では、4サイクル直列4気筒のコルト1500と同時に、1965年11月に水冷式2サイクル3気筒エンジンを搭載したコルト800を発売している。三菱の場合は、このときには名古屋と京都の両製作所がひとつのグループとして小型車を中心に自動車を開発しており、コルト1500はこちらの開発である。もう一つはオート三輪でスタートし軽自動車をつくる水島製作所で、二つのグループがあった。それぞれに軽自動車と小型車という棲み分けをしていたが、軽自動車は2サイクル、小型車は4サイクルと、エンジンの種類にも違いが見られた。

そうしたなかで、軽自動車の販売が伸びて月に7000～8000台という販売台数になり、軽自動車から乗り換える小型車を水島製作所で開発することになった。そのために、最初から2サイクルエンジンを搭載することが決定し、コルト800が登場したのである。したがって、同じ三菱の小型車といっても三菱500から始まった4サイクルエンジン搭載の三菱車とは、直接的なつながりがあるシリーズではなく、別の系列のクルマであるということができる。

●三菱2サイクルエンジンの特徴

コルト800はボア70mm・ストローク73mmの843ccと、ボアの大きさはフロンテ800と同じである。このあたりが2サイクルエンジンのボアの大きさの限界ということであったのだろう。

小型車となると安っぽさを感じさせるものであってはならないと、2サイクルの持つ欠点をできるだけ感じさせないようにするのが開発の中心だった。そのために、いくつかの新技術を導入し、騒音や振動を抑える工夫が凝らされている。

2サイクルエンジンで4サイクル1000cc以上の性能を狙った。ハッチバックスタイルのコルト800はFR方式を採用。

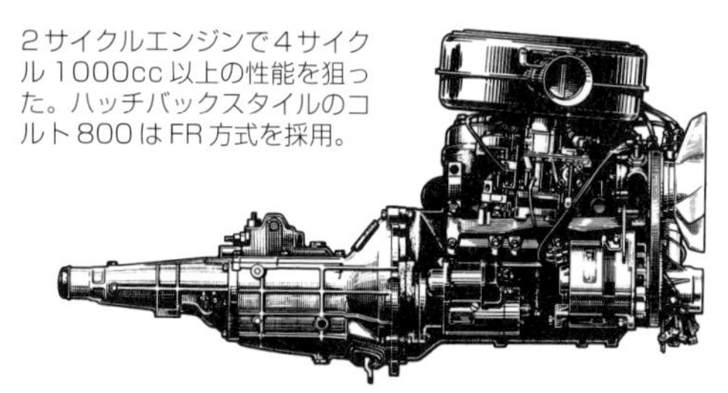

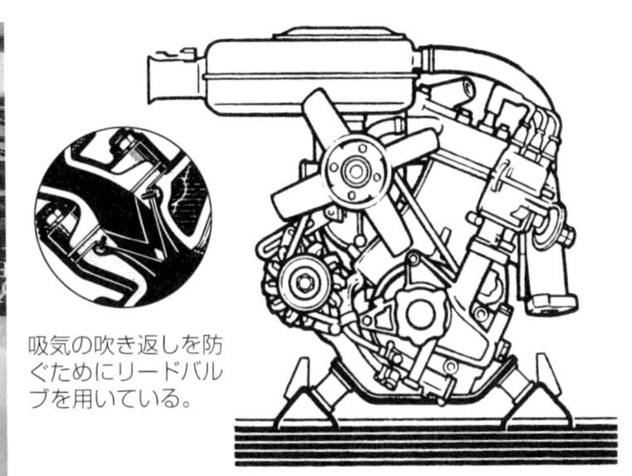

吸気の吹き返しを防ぐためにリードバルブを用いている。

FR方式なので3気筒エンジンは縦置きにされている。

掃気のために独特のリードバルブを採用しているのもそのひとつだ。掃気ポートにハーモニカに見られるような形状のリードバルブを採用する2サイクルエンジンである。三菱では、2枚のベロ状のリードバルブとして2サイクルエンジンではありがちな吸気の気化器への吹き戻しをなくしている。ピストンが上昇してクランクケースが負圧になるとリードバルブが開き、大気圧より高くなると閉じるように自動制御している。これにより、低速でのバックファイアーの恐れがなくなり、吸気の脈動を考慮して低速での粘りがあるエンジンになったという。排気ポートの位置も、120度の燃焼間隔に合わせて慣性過給が効いて新気の吹き抜けが起きづらい位置をテストの繰り返しで決定している。

また、キャブレターはソレックスの複式を採用、吸気加熱装置により加速性の向上を図り、騒音対策としてメインマフラーのほかにサブマフラーも装着して消音している。

分離給油にするのも必須だった。

三菱では、分離給油のために潤滑用オイルを三つのポンプを用いて3本のパイプで必要な箇所の潤滑をする方式とした。クランクベアリング、ピストン及びピストンピン、シリンダーバレルにそれぞれ別々に給油する。オイル消費が減ることは白煙の排出が少なくなるだけでなく、カーボンがシリンダー内にたまりにくくなるから、エンジンのオーバーホールのインターバルを長くする効果もあった。

三菱のコルト800の性能は、最高出力45ps/4500rpm、最大トルク8.3kg-m/3000rpmだった。リッター当たりの出力では、DKWやサーブを凌いでいる。

●その後の経緯

コルト800はFR方式を採用している。スズキのFF方式と対照的であるが、スタイルはハッチバックとしたことが特徴になっている。先に触れたように、4サイクルのコ

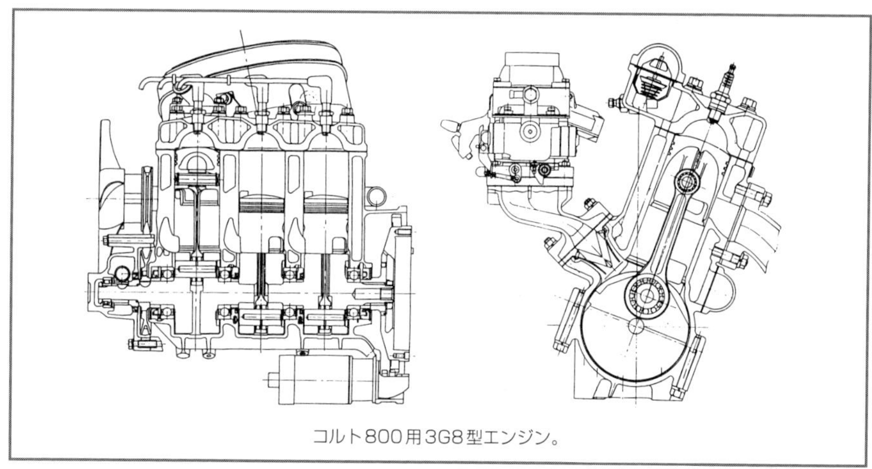

コルト800用3G8型エンジン。

ルト600やコルト1000がありながら、同じ三菱から別に2サイクルの小型車800を追加する意味は、外部の人間には分かりにくいものだ。

4サイクル1000ccと2サイクル800ccと、どちらが小型大衆車クラスのクルマに適したパワーユニットであるか、ということを三菱全体のなかで検討して出てきたものではない。各製作所がそれぞれの思惑で車両を開発していたからだ。

三菱の自動車開発のあり方がどのようなものか、ユーザーにアピールする狙いがはっきりしていないのが、この当時の三菱の状況であった。それが、搭載するエンジンでも600ccと1000ccで4サイクルがあり、800ccで2サイクルがあるというアンバランスを生んだようだ。

DKWの場合は、高速走行すると急速に燃費が悪くなるという欠点を持っていたが、三菱ではこの点も考慮して、70km/hくらいまでは燃料消費があまり悪くならないセッティングにしていた。技術的には、2サイクルエンジンの欠点をなくして4サイクルに近いエンジンとして完成させたものの、4サイクルエンジンを採用する主力自動車メーカーが、次々に新しい技術を導入して性能向上を図ったエンジンを投入してくると、とても太刀打ちできなかった。

時代の流れは排気規制が進むようになるなど2サイクルエンジンには逆風が吹いたから、小型車での2サイクルエンジンはむずかしい技術課題となったといわざるを得ない。コルト800が、モデルチェンジされることなく姿を消す運命にあったのもやむを得ないことだった。

第6章
空冷小型用4サイクルエンジンの話題

空冷エンジンはシリンダーの冷却のためにフィンをつけるのが特徴。冷却フィンは航空機用で形状や製造法などが研究され、自動車用にその技術が引き継がれた。

2サイクルか4サイクルか、と同様に空冷か水冷かは1960年代では話題を呼ぶテーマのひとつであった。二輪の世界では、空冷が優勢だったのはエンジンに走行風が当たるからで、四輪になると強制的にファンなどで風を送る必要がある。しかし、空冷にすればウォータージャケットなどの通路をシリンダーブロック内部につくらないですむから、ブロックの製造では空冷エンジンのほうがシンプルな形状になり、ラジエターが必要ないという点でもコスト的に有利である。

一方で、冷媒が空気より水のほうが熱を逃がすには有利であり、性能を向上させたエンジンでは熱の発生量が大きくなるので水冷が用いられるのが普通だ。現に高性能化が図られたオートバイ用のエンジンも1980年代になると水冷化が進んでいる。

総合的に見ると、1960年代にあっては、四輪用では排気量の小さいエンジンは空冷、大きいエンジンは水冷というのが一般的であった。

小型自動車になると、エンジン排気量は500ccから2000ccまであり、排気量の大きさに幅がある。そのなかで空冷を採用するとなれば、やはり排気量は小さいエンジンになる。ここで採り上げているのは三菱の500ccエンジンであり、トヨタの700ccエンジンである。それぞれコストの安いエンジンをつくり上げる狙いで空冷を選択している。

その点では、ホンダ1300の場合はちょっと違っている。空冷にしながら高性能エンジンを追求しているのだ。したがって、同じく空冷エンジンでもコスト優先の三菱やトヨタのものとは、狙いも機構も違いが見られる。

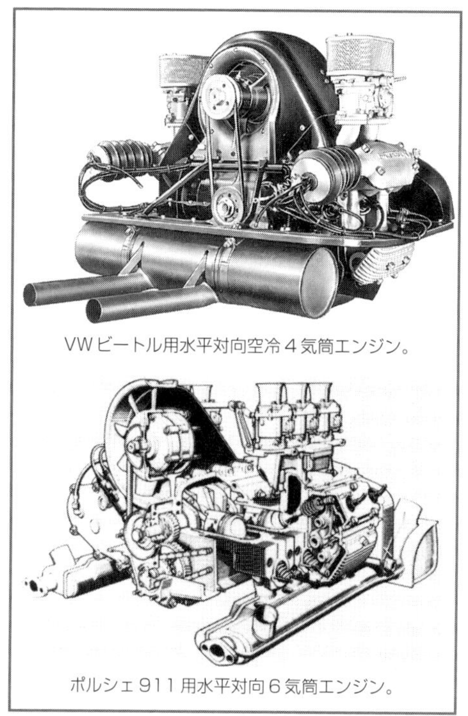

VWビートル用水平対向空冷４気筒エンジン。

ポルシェ911用水平対向６気筒エンジン。

ヨーロッパでも、空冷エンジンは排気量の小さい車両で採用されているものの、高性能エンジンを搭載するポルシェは1990年代の後半まで空冷エンジンで押し通してきた。

ポルシェ以外の空冷エンジンの多くは、1970年代になると姿を消すようになったが、ポルシェは空冷エンジンに磨きをかけてきた。そのルーツはドイツの国民車となったVWビートルにある。エンジンだけでなくパワートレインがコンパクトになるようにRR方式で空冷水平対向4気筒エンジンにしたのが始まりである。このVWビートルのスポーツバージョンともいうべきポルシェ356が、ポルシェ車の戦後の出発になっているからだ。

やがてポルシェ911が誕生して、スポーツ性を高めていった。量産メーカーでないポルシェは、それまでのエンジンをベースにして性能向上を図る手法をとったので、ポルシェブランドが確立したときにはエンジンが空冷であることが特徴にもなっていたのだ。

ポルシェは車両価格の高いスポーツカーであるから、コストがかからないことよりも性能がよいことが重要で、冷却するために、かなり複雑な機構になった。それは、ポルシェであるから許されることであり、下手に新開発の水冷エンジンにしたのでは、ポルシェらしさが失われかねなかったのだ。水冷か空冷かという選択肢とは違った価値観で、開発は進行したのである。

それでも、排気規制が進み、高性能エンジンといえども燃費の良さを追求しなくてはならなくなり、ポルシェも水冷エンジンに転換せざるを得なくなった。ひとつの価値観を追求して進化させることができるのは、量産してコスト削減を優先するメーカーにはできないことで、日本での小型乗用車用空冷エンジンは、いずれも短命に終わらざるを得ないものだったのだ。

トヨタ・パブリカ用空冷水平対向2気筒エンジン

1955年に通産省の役人によって打ち上げられた国民車構想は、貧しい日本でも乗用車を持つ夢に一歩近づくことができそうな印象を与えて、大いに話題となった。車両価格25万円、最高速100km/hの性能、車両重量500kg以下という条件だった。それに合致したクルマをつくるメーカーを選定して、そのメーカーを優遇して量産することで、庶民が入手しやすい国民車をつくろうとする構想である。

いくつかの軽自動車の登場で車両価格の安い乗用車がつくられるなかで、行政の主導で効率よくコストのかからないようにしながら、一定の性能のクルマをつくる計画が練られたのである。

実際には、通産省の正式な決定ではなく、そのための予算が付くところまで進まなかったが、国民車構想が新聞などで採り上げられ、自動車に対する一般の関心が集まったのである。この構想をつくった自動車担当の通産省の役人は、軽自動車の規格では国民車として性能的に無理だから、500ccほどのエンジンを想定した。クルマの機構はできるだけシンプルにしながら、性能はあるレベルまで確保し、国家的な援助によって大量生産すれば、庶民でも購入できるような価格にすることができるのではないかと試算したものである。

構想だけに終わったものの、その影響は大きかった。1955年といえば、トヨタが本格的な乗用車として企画したクラウンと、戦前からの大衆車であったダットサンがモデルチェンジされて新しく登場した年である。戦後の貧しさから脱しつつあり、自動車メーカーが成長軌道に乗りつつあるときだった。したがって、自動車メーカーは国民車構想のクルマに関心を持たざるを得なかったのだ。まだ、トラックの生産が多かったが、将来的には乗用車中心の時代になると予想していた。

コストを抑えながらも4人がゆったりと乗れる広さにしたパブリカ。そのためエンジンは空冷水平対向2気筒が採用された。

パブリカはFF方式で企画されたが、途中でFR方式に変更された。

1960年代初めまでは未舗装路が多く、エアクリーナーは大きなものが使われていた。

コストを下げるには、エンジンもシンプルな方がいいから、国民車構想を意識して開発されたエンジンには、空冷が選択されるケースが多かった。

そのなかで実際に市場に投入されたのは、ここで紹介するトヨタのパブリカと三菱500であるが、プリンスでも空冷水平対向4気筒、日産でも開発の途中で中止されたものの、空冷エンジンの車両が計画された。プリンスの場合は、試作車の走行テストが行われ、もう一歩で市販するところまでいったが、投資する金額が多くなるリスクを考慮して、生産を断念していた。

ここに採り上げたパブリカも、国民車構想が打ち上げられなければ誕生しなかった可能性の高いクルマである。クラウン、コロナに続いてトヨタの3番目の乗用車として、1961年6月に発売された。

企画そのものは1955年の終わりに立てられて開発が始まった。しかし、後から計画されたコロナの開発が優先され、市販は1957年のコロナより3年も遅れた。開発のスタートからパブリカのデビューまで5年以上の歳月がかかったのは、当初はFF車として企画され、途中で開発が中断、その後FR車として陽の目を見ることになったからでもある。

●空冷水平対向2気筒エンジン

コストを抑えて、車両原価をそれまでの乗用車の半分以下にする目標が立てられた。排気量700ccは、必要な走行性能を確保できる最小限の大きさとして選択された。車両サイズを小さく抑えて4人乗りの居住空間を確保するには、コンパクトなエンジンにする必要があり、空冷の水平対向2気筒になった。

しかし、安定した性能を発揮させることは容易でなかった。FF機構の採用や空冷エンジンという新しい試みをしたことで、開発は困難になった。乗用車用エンジンとして、高速性能が優れたうえに低速トルクもあり、燃費もよく信頼性のあるものにする必要性を感じていた。

空冷エンジンの場合、ボンネット内のエンジンに走行風が直接当たらないこともあって、熱による歪みやオイルの潤滑やオイル消費といった問題に悩まされた。OHV型で燃焼室は半球型、バルブリフターにはバルブとのクリアランスの変化をなくす油圧式ラッシュアジャスターが採用されている。空冷エンジンでは熱膨張によりクリアランスの変化が大きく、バルブタイミングの狂いをなくしたうえにリフター(タペット)を打つ騒音を小さくすることが目的で採用されたものである。

エンジンの試作も数次にわたり、車両搭載に当たっては、熱的に厳しい排気バルブ側を車両の前方に配置して走行風が当たることで冷却が促進されるようにしている。

ボア78mm・ストローク73mmのショートストロークエンジンで、重量は76.4kgと軽量に仕上がっている。最高出力28ps/4300rpm、最大トルク5.4kg-m/2800rpm、圧縮比7.2、リッターあたりのパワーは40.2馬力に達している。

●車両開発の経緯

車両価格は40万円を切って軽自動車並に設定された。燃費性能も良く、最高速度も110km/hと走行性能は悪くなく、キャビンスペースも狭くなかったにもかかわらず、予想を下まわる売れ行きしか示さなかった。

コストを抑えるために贅沢な装備をしなかったせいか、乗用車として物足りない感じがあったことが原因だった。コストを抑えた合理的な機構に徹するやり方は、日本では受け入れられない傾向が見られた。

当時のトヨタは、信頼性の確保を重視してエンジンと車両を同時に新しくする手法

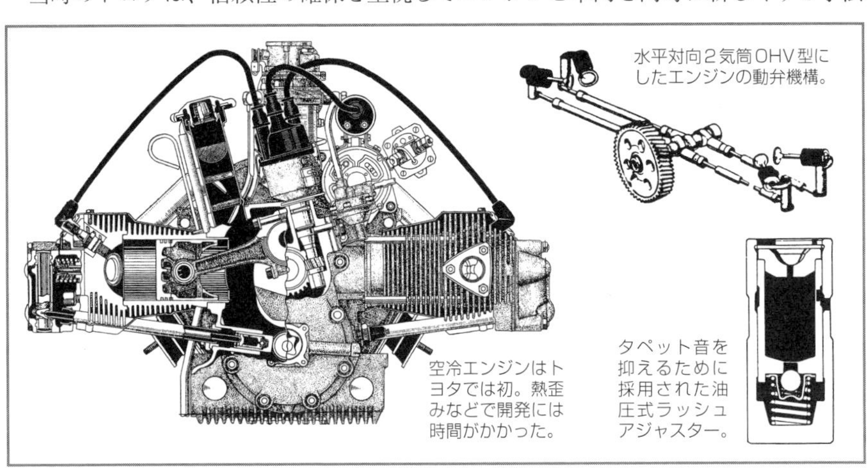

水平対向2気筒OHV型にしたエンジンの動弁機構。

空冷エンジンはトヨタでは初。熱歪みなどで開発には時間がかかった。

タペット音を抑えるために採用された油圧式ラッシュアジャスター。

を避けていた。まずエンジンを開発し、すでに市販している車両に搭載してトラブルを洗い出したうえで、新しく開発する車両に搭載すれば、車両の開発に専念することができる。両方一緒に新規に開発すると、どちらにトラブルが出ても、もういっぽうの開発の進行を阻害することになり、全体の進行が遅れがちになる。

しかし、新しいクラスのクルマを出す場合は、そうはいっていられない。パブリカがその例で、トヨタでは空冷エンジンだけでなく、当初の企画のFF方式の採用も初めてのことだった。

それでも、1955年に開発をスタートさせたのは、国民車構想に合致したクルマをつくることで、自動車部門に新しく参入しようとする動きが、他の分野のメーカーに見られたことも一因であり、伝統のある自動車メーカーとして、大衆乗用車時代の到来に備える必要があると強く感じていたからでもあった。

開発計画を立てるときに、国民車構想に忠実に沿うという考えはなく、トヨタとしてのあるべき大衆車の姿を具現化するという方針が打ち出された。500ccではパワーが充分でないこと、500kgの車両重量にすることより、4人が比較的ゆったりと乗れる範囲で軽量化を図ることなどである。

この車両開発で徹底されたのが、原価管理である。エンジンなどはトヨタが独自につくるにしても、自動車の部品の多くは、それぞれサプライヤーからトヨタの組立工場に納入されるようになっている。

それらひとつひとつの原価をいくらにするかで、車両コストが決まってくる。ピストンやバルブ、コンロッド、さらにはキャブレターや点火プラグなどエンジンに使用される部品も同様に部品メーカーから購入する。したがって、コストを下げるためにはこれらの部品の購入価格を安くしなくてはならない。

国民車構想で25万円を目標にしていたが、それは最初から無理としても、40万円を切る価格を目標にした。とすれば、大ざっぱに車両原価は20万円以内に収めなくてはならない。それを計算して、それぞれの部品に当てはめていけば、どれをいくらにするかが決まる。しかしながら、部品メーカーのほうも採算を取らなくてはならないから、トヨタの見積もりどおりにOKするわけには行かないところがある。

そこを何とか説得して要求を通すことがトヨタの流儀である。もちろん、やみくもに押し通すのではなく、相手の立場

パブリカの販促のためにデラックスやコンバーチブルなどのバリエーションが追加され、エンジンも性能向上が図られ、800ccになった。

に立って製造コストをいかに下げるか検討し、それを実行することで部品メーカーも立ちゆく配慮をしたうえで、狙いどおりの価格にする。パブリカの開発は、トヨタでの原価低減を図るモデルとなった。

いっぽうで、開発の途中でFF方式からコンベンショナルなFR方式に変更されたのは、FF方式は信頼性の確保には時間がかかりすぎるからだ。

パブリカをベースにしたトヨタスポーツ800。ツインキャブレターとしているが、パワーはあまりなく、軽量化と空力的なスタイルで走行性能を高めている。

●その後の経過

その後、このU型エンジンは改良されて圧縮比8.0、最高出力32ps/4600rpm、最大トルク5.6kg-m/3000rpmになっている。さらに、軽量ボディに空力性能の向上を徹底的に追究したスタイルにしたトヨタの最初のスポーツカーであるトヨタS800に搭載されるに当たって性能向上が図られた。

ボアを83mmに拡大して排気量を790ccとし、圧縮比9.0、ベンチュリー径を24mmから28mmに拡大してツインキャブとしている。高回転化に伴ってバルブやカムシャフトやクランクシャフトを強化、オイル消費を少なくするためにピストンリングも見直されている。

最高出力60ps/5400rpm、最大トルク6.8kg-m/3800rpm、エンジン重量80kg、高速性能を優先した仕様にしている。スポーツカーとしては非力であるが、車両重量580kgと超軽量で空気抵抗が小さいスタイルになっていることで、ライトウエイトスポーツカーとしての総合性能ではまずまずであった。

途中でスタイルや装備などを新しくしたパブリカは、1969年に実施されたモデルチェンジで、エンジンは1000ccと1100ccの水冷直列4気筒に変更される。

パブリカは、コスト低減を図りながら走行性能を一定の水準にしたクルマとして一部のジャーナリストたちには高い評価を受けた。しかしながら、営業的に見た場合は成功とはいえなかった。この反省を生かして、大衆車といえども豪華である印象を与えること、見栄えのいいものにすることが重要であるという意識で開発されたカローラが、営業的に大成功を果たしている。

三菱500用空冷直列2気筒500ccエンジン

1960年に発売された三菱500が、内容的にもっとも国民車構想に近いクルマであった。スクーターや自動三輪車を生産していた新三菱重工業は、乗用車部門への参入の機会をうかがっており、国民車構想が打ち出されたことが、行動を起こす引き金になった。

三菱の自動車部門は、東京製作所を中心にしたスクーターとバス・トラック部門、名古屋製作所を中心とするジープや他メーカーのボディ製作、水島製作所のオート三輪及び軽自動車という三つの系統に分かれていた。その後に三菱自動車として統合されるものの、名古屋製作所がエンジン部門の京都製作所と組んで小型自動車部門への進出を計画したのである。小型乗用車では、2000ccクラスのクラウンがあり、1000ccクラスのダットサンがあるなかで、三菱では、小さいクラスから参入する意見と、三菱であるからには高級車部門から始めるべきだという意見があった。こうしたなかで、1955年に通産省が国民車構想を打ち上げたことを契機にして、それに見合う乗用車の開発が決定したといういきさつがあった。

1957年早々から開発のための調査が開始され、できるだけ国民車構想に近い仕様にする計画が立てられたのである。

●空冷2気筒4サイクルエンジンを選択

エンジンは500cc、コストを抑えるために空冷2気筒に決められた。同じ4サイクルであるが、パブリカとは違って水平対向ではなく直列エンジンであった。

パブリカは大人4人が余裕を持って乗れることを前提に開発し、車両サイズはある程度大きくしたが、三菱ではリアシートを犠牲にして小さいサイズにすることで、車両重量を抑え、コストの削減を図った。当初は軽自動車の枠内での開発も検討されたが、実用性と経済性を両立させようと、大衆小型乗用車とする計画になった。

三菱の最初の小型車として登場した三菱500。

小さいサイズで室内空間を比較

的広くするために、エンジンはリアに配置、リアドライブにして、エンジンと変速機、差動機はアルミ合金の一体の鋳物ケースに納められている。いわゆるRR式にしたのは、FF式より機構的に問題が少ないと判断したからである。

RR方式を採用、車両寸法は現在の軽自動車より小さいものだ。

三菱では、排気量が小さいことから2サイクルと4サイクルのどちらにするかも検討したようだが、世界的な趨勢として4サイクルが多くなる傾向を見せていたことで、4サイクルを選択した。また、2サイクルは排気管から白煙を吐き、騒音も大きいことからガマンするクルマに採用されるもので、小型車としての高級感を出すにはエンジンもそれにふさわしいものでなくてはならないという判断もあった。

いまでは、500cc直列2気筒エンジンと聞くと、小さくて小型車にふさわしくないと即断されるに違いないが、当時にあっては、軽自動車の枠を超えたエンジンとして、それなりに誇りを持ったものだったのだ。ただし、国民車構想の500cc、車両価格25万円、車両重量500kgという枠にこだわったことで、空冷2気筒にせざるを得ないという事情があった。このあたりは、官庁の意向に沿う事業を戦前から中心にしてきた三菱の伝統のなかでの開発になり、独自にクルマやエンジンのあるべき姿を追求して仕様を決めていくというやり方をとらないからでもあった。

ボア70mm・ストローク64mmの493cc、バルブ機構はOHV型、燃焼室は半球型、吸気

フロントにスペアタイヤを収納。室内も広くすることができなかった。

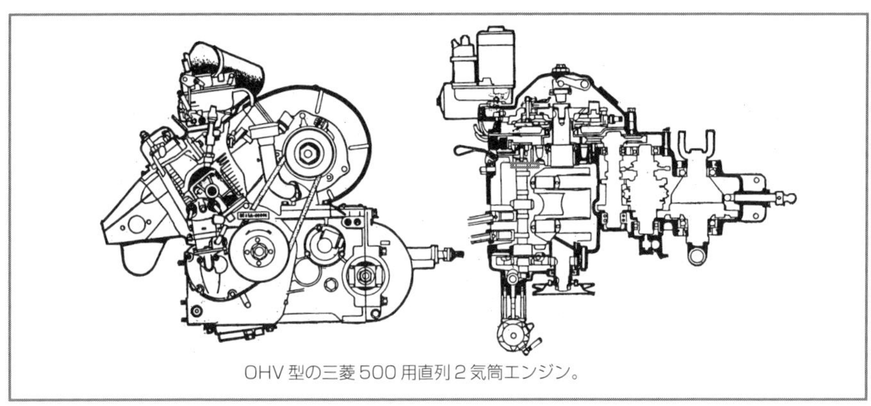
OHV型の三菱500用直列2気筒エンジン。

バルブは直立、排気バルブは外側に傾斜している。冷却をよくするためにシリンダーヘッドはアルミ合金製となり、ファンによる強制空冷式である。シリンダー配置は後方に30度傾斜して搭載されている。最高出力21ps/5000rpm、最大トルク3.4kg-m/3800rpm、圧縮比7.0、最高速は90km/hだった。

●開発の経緯

全長3140mm、全幅1390mm、ホイールベース2060mmという車両サイズは、現在の軽自動車より小さいものだ。しかし、当時の軽自動車はもっと小さかったし、室内も狭かった。発売に先立つ1959年のモーターショーに出品されたときには、軽自動車より広い室内を持ち、車両価格は軽自動車とあまり変わらないということで話題となっ

直列2気筒エンジンは後方に30度傾けて搭載、それでもリアシートは狭くならざるを得なかった。大きなファンでシリンダーを強制空冷する。

た。車両価格が40万円を切って39万円という設定だった。スタイルもヨーロッパ車を思わせるもので、奇をてらわずにシンプルに仕上げられ、評判が良かった。

しかし、そのわりには発売してからの販売は伸びなかった。40万円近いというのは、この時代にあってはまだ普通のサラリーマンには手が出ない価格だったせいもあるのだろう。月に1000台の販売計画であったが、それを達成することはできなかった。

それに、実際に走ってみるとパワー不足が感じられた。軽自動車の代表ともいうべきスバル360は360kgでエンジンは16馬力、それに比較すると小型自動車としての優位性は思ったほどではなかったのだ。装備も、価格を安くすることを優先させたので貧弱な印象だった。

●その後の経過

こうした欠点をカバーするために、すぐに三菱600がつくられた。ボア72mm・ストローク73mmの594cc、圧縮比7.2にして、最高出力25ps/4800rpm、最大トルク4.2kg-m/3400rpmのエンジンにしたスーパーデラックスである。しかし、この改良も効果的とはいえなかった。

ドイツの国民車でもあるVWビートルは空冷であるが、1200ccと排気量も大きく、室内もある程度広くなっていた。日本で構想した1955年の段階では、まだ貧しいことからガマンできるクルマしかイメージしなかったのだが、1960年代になると明らかに時代遅れとなっていた。

三菱500は、三菱の小型乗用車のスタートになったが、結果としては大きいクルマを次々と開発しなくてはならなかった。そして、三菱500・600は比較的短命に終わり、1963年夏にはモデルチェンジともいうべき水冷直列4気筒エンジンを搭載したコルト1000が登場する。

OHV型であるが、ハイカムシャフトとなり、時代に先駆けたエンジンであった。しかし、競争の激しい1000ccクラスで三菱は苦戦を強いられた。三菱が乗用車メーカーとして個性を発揮したといえるのは、1969年12月に登場したギャランが最初である。水準を超えたOHC1300ccエンジンを搭載し、スポーティセダンというコンセプトであったからだ。

ホンダ1300用空冷高性能エンジン

ホンダの場合は、空冷エンジンの採用は国民車構想とは無縁である。そのような行政が打ち上げた構想に沿ったクルマをつくろうなどと考えないのがホンダである。どこまでも自己主張が強く、独自に路線を打ち出して突進するのが特徴である。

高性能であるというイメージができあがったホンダは、空冷2気筒360ccエンジンの軽乗用車N360の売れ行きが好調で、四輪メーカーとしての基盤をつくった。

本格的に小型車部門に進出することになり、1969年にホンダ1300が発売された。これ以降、小型車ではスポーツカー以外一貫してFF方式を採用している。シンプルな空冷式にしたのは、複雑な機構のホンダスポーツ用水冷エンジンとは対照的だった。

冷却を確実にするために、特別にエアダクトを設けたホンダ空冷1300ccエンジン。

ホンダ1300の開発がスタートしたのは1960年代の後半になってからである。すでに日本の自動車業界もトラックから乗用車が中心となり、どのメーカーも独自にエンジンを開発する能力を持つようになり、最新の技術を導入して性能競争に負けまいと真剣に対処していた。

1965年10月に乗用車の貿易自由化が実施されたが、恐れていたように欧米の乗用車が市場を席巻することもなく、トヨタと日産を中心にして国産車が市場を支配する構図に変化はなかった。トヨタでは、パブリカ、カローラ、コロナ、クラウン、日産ではサニー、ブルーバード、セドリックとそろえ、マツダや三菱でも1000ccクラスから上の乗用車の市場投入を図ろうとしていた。

ホンダは、軽乗用車ではベストセラーカーとなったものの、小型車部門では実績がないに等しい。スポーツカーはイメージアップにはつながるものの、乗用車となればそれとは異なる開発となるから、まったく新しい挑戦であった。

空冷直列４気筒エンジンを搭載したＦＦ方式のホンダ1300。エンジンは横置きで、77と99の二種類があった。

●高性能な空冷エンジンの開発

二輪のときから高性能エンジンは、ホンダの代名詞になったといっても過言ではないのに、新しく参入する小型車のエンジンを空冷にした。高性能を目指しながら空冷にするのは常識的ではない。たしかにポルシェも空冷エンジンであるが、それはスタートが空冷であり、それをベースにして性能向上が図られたからで、ホンダの場合は新規に開発するに際して、空冷エンジンを選択したという違いがある。

東洋工業がロータリーエンジンという特徴あるメカのエンジンで注目されていたことに対抗して、小型車でも空冷エンジンを特徴として打ち出そうとしたのは、ほかならぬ本田宗一郎社長だった。二輪で4サイクル空冷エンジンで実績を積んでおり、N360でも成功していた。

高性能セダンらしいコクピット。

初めは600ccで計画したが、出力を確保するために排気量は、700cc、1000ccと次第に大きくなり、最終的に1300ccまで拡大された。

排気量が大きくなったことで、熱的な厳しさが増してきたが、当初に決めた空冷であることは変更されなかった。

出力を上げたエンジンは、開発中から熱による歪みでオイル漏れや部品のトラブルの発生など信頼性に問題があり、オイルの温度も上昇する問題が加わった。

強制的にファンで空気を送り込んだだけでは足りずに、走行風をオイルタンクまわりに当てて冷やし、冷却フィンを張り巡らせ、フィンも大きくした。結果としてアルミを多用した複雑なエンジンとなり、製造原価も大きく膨らんだ。

それでも空冷に固執したホンダ1300エンジンは、高出力にこだわったことで、多くの問題を抱えた開発となった。騒音でも空冷エンジンは不利だった。

市販されたホンダ1300用エンジンは、OHC、半球型燃焼室、ボア74mm・ストローク75.5mmの1298cc、大人しい77シリーズは最高出力95ps/7000rpm、最大トルク10.5kg-m/4000rpm、高性能版の99シリーズは110ps/7300rpm、最大トルク11.5kg-m/5500rpmとした。

実際には乗りやすくするために、それぞれ5馬力最高出力を下げて市販している。それでも1300ccとしては驚くような高性能だった。圧縮比は77シリーズが9.0、キャブレターは1個、99シリーズでは9.5でキャブレターは4個、潤滑はドライサンプ式である。

●開発の経緯

高性能にすると熱負荷が大きくなるから、水冷にすべきだという意見は、当然のことながらホンダのなかにもあった。特にエンジンの開発で指導的な役割を果たした、かつての中島飛行機のエンジン部門にいた技術者たちは、こぞって空冷エンジンに反対した。冷媒として空気を用いることは効率が低く、水冷にすれば解決する問題も空冷ではトラブルを誘発する条件になると本田社長の説得を試みた。しかし、水冷といっても結局は、その熱は空気が冷やすのだから、そんな回りくどいことをしなくてすむ空冷の方がいいのだと本田社長は主張した。どうやら某大学教授が本田社長の信頼を得て、空冷エンジンを推奨し、後ろ盾となっていることで強気に終始したところ

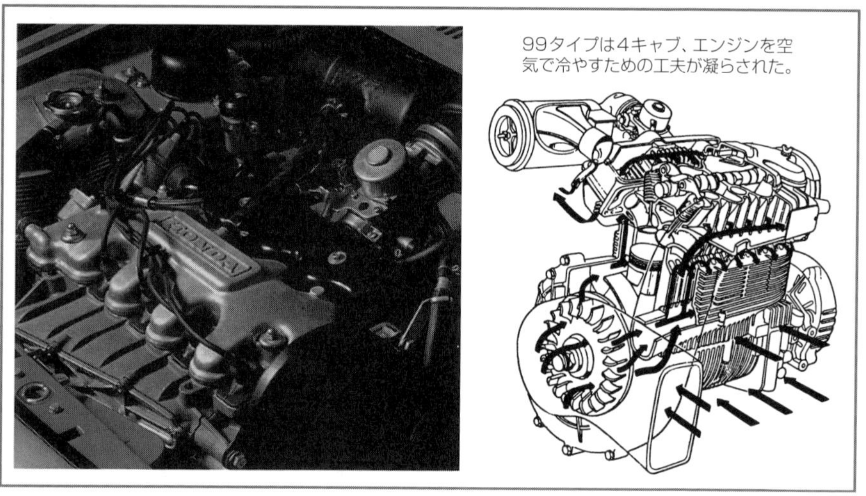

99タイプは4キャブ、エンジンを空気で冷やすための工夫が凝らされた。

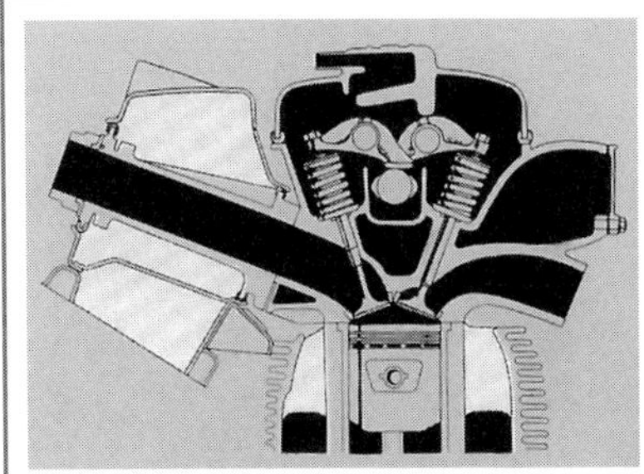

OHC型で、吸入ポートはストレートにして吸入空気量を多くし、燃焼室はコンパクトにしている。ホンダ独自のトランスミッションが組み込まれている。

もあったようだ。

ホンダではS500から始まったスポーツカー用の高性能エンジンは水冷式だった。空冷にこだわった、もう一つの根拠は、この水冷のスポーツ800用のエンジンを試しに空冷にしてテストベンチにかけたところ、そこそこの性能を発揮したという。つまり、空冷でも高性能エンジンにすることは可能だというデータが出たというわけだ。

エンジンの実験では先頭になって、さまざまな試みに挑戦する本田社長は、ピストンの裏側にも空気も吹き付けるようにしてみろといった。なんとしてでも空冷エンジンで成立させようという強い意志の現れだった。それでは、オイルが飛び散って逆効果となりますといっても、やってみなければ分からないじゃないかというのが、いつもの本田社長の答えだった。

実際に、中島飛行機から来て、車両やエンジン開発をするホンダ技術研究所のトップをつとめていた技術者も、あまりに本田社長が空冷にこだわることで、たまりかねて退社している。高性能と空冷は両立しないのは、理の当然のことであると思われるのに、ついに聞く耳を本田社長が持たなかったからだ。

あくまで空冷にこだわって商品化しても、結果として大赤字になって、会社がつぶれてしまうかもしれませんよといっても「俺がつくった会社だ。つぶれてもともとだよ」といわれれば、ホンダのなかにいるかぎり、黙るより仕方なかったのである。

●その後の経過

空冷にこだわることで支払った犠牲は大きかった。

静粛性が求められる乗用車では成功したとはいえず、販売も予想を下回るものだった。実際にアルミを多用したエンジンになっていたから、コストがかかって利益の薄

1970年2月に追加されたホンダ1300クーペ。

スタンダードタイプのホンダ1300・77型。

フロントサスペンションはストラット式を採用。

いものになっていたため、販売が伸び悩むことでホンダの経営を圧迫した。

1970年にはクーペモデルが追加され、スタイリッシュで豪華なムードとなった。しかし、それでも販売は伸びなかった。ついに、1972年にクーペにはシビック用水冷エンジンと併行して開発された水冷1450ccエンジンが搭載され、空冷エンジンは姿を消した。

本田社長が空冷エンジンに代わって新しく挑戦することになったのは、アメリカで1970年代に実施されることになったマスキー法への対応エンジンだった。排気中の有害物質(CO、HC、NOx)を10分の1まで減らすという厳しい規制に対して、アメリカのビッグスリーをはじめ、世界中の自動車メーカーは技術的解決が不可能な命題であると主張した。

ならば、ホンダがそれをやってやろうというのが本田宗一郎の意気込みとなった。高性能エンジンを開発した技術者が集められ、排気対策エンジンに取り組むことになった。

第7章

高級・高性能化を図った軽自動車用エンジン

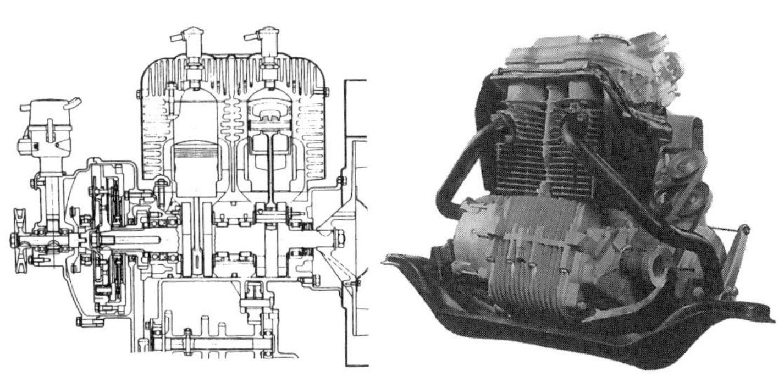

左はスバル360用2サイクル2気筒エンジン。シュニューレ式を採用した当時のスタンダードな機構。右はホンダN360用空冷2気筒エンジン。バイクのエンジンをベースにした高性能が特徴。

日本の軽自動車は、国内の販売台数の3分の1を占めるまでになった。排気量も660ccまでに引き上げられ車両サイズも何度か引き上げられて、自動車として使用するには充分なものになっているし、性能や装備、それに安全性にしても充分な内容になっており、下手な小型車をはるかに凌ぐ実用性のあるモデルも現れている。ホイールベースにしても2400mmを超える車種もあり、居住空間は初代のサニーやカローラを問題にしないくらいの大きさである。乗用車タイプでもさまざまなバリエーションがあって、選択の幅も広くなっている。

軽自動車メーカーの競争が激しいことで進化が促されているが、決められた制約のなかで目いっぱい技術的な努力を重ねていることも、その要因である。

あまりにも軽自動車が立派になったことで、設けられている特典を廃止すべきだという議論まで飛び出しているが、現実的な解決策としては、実質的になきに等しくなっている小型車の規定の見直しのほうが必要であるのかもしれない。

というのは、軽自動車の一クラス上のクルマとして1500ccあるいは1600cc以下で車両全長3.5〜3.6m以下、車両重量も800〜900kg以下にするなどの制限を加えて優遇すれば、その範囲で進化することになるに違いない。地球環境に配慮することが大切だといわれながら、重量の大きいクルマが次々と市場に出てくる現状は憂慮すべきことで

軽自動車の車両サイズ及びエンジン排気量の変遷

年月	車両サイズ	エンジン排気量
1950年7月	長さ3.00m・幅1.30m・高さ2.00m	300cc(4サイクル) 200cc(2サイクル)
1951年8月	〃	360cc(4サイクル) 240cc(2サイクル)
1954年10月	〃	4サイクル、2サイクルとも360cc
1976年1月	長さ3.20m・幅1.40m・高さ2.00m	550cc
1990年1月	長さ3.30m・幅1.40m・高さ2.00m	660cc
1996年9月	長さ3.40m・幅1.48m・高さ2.00m	〃

もある。

燃費を良くするには、エンジンを始めとする技術的な進化が重要であるものの、車両重量を軽くすることが何よりである。そのための歯止めを掛けるには、軽自動車の上のクラスに枠を嵌めることが有効かもしれない。国内だけのレギュレーションであっても、その枠内で開発されたクルマは、国際的な競争力を持ったものになるはずだ。

それはともかく、軽自動車がこれほどの隆盛をみるとは、この規則ができた時点では予想できなかったことであろう。

最初の軽乗用車として成功したのはスバル360である。このエンジンは2サイクル2気筒で、ここに採り上げるようなユニークさはない。当時の平均的な性能であり機構である。このクルマが優れていたのは、そのエンジン性能を前提にして4人が乗ることができて軽快に走るものにするという狙いを達成させたことである。

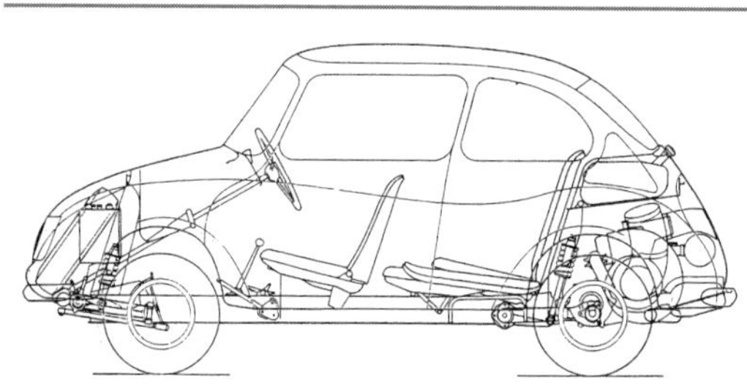

1958年3月に発売されたスバル360。RR方式にして室内空間を優先。空冷2気筒エンジンは15馬力、シュニューレ方式の2ストロークエンジンを採用。

ホンダN360の空冷直列2気筒エンジンは31馬力。FF方式で室内も広くしていた。

技術的にオーソドックスに追究して軽量化に成功し、パワートレインやシャシーなどの機構を居住空間を犠牲にしないでまとめ上げたことで、当時の国産小型乗用車にも負けない走行性能に仕上げたのである。

発売は1958年3月で、これ以降はスバル360が軽自動車のひとつの基準となり、これを何らかのかたちで超えたところがないと軽自動車として市場に受け入れられないことになったのだ。

それまでは町工場でつくられたものであってもあるレベルに達していれば少量販売することができた。しかし、これ以降は、高いレベルの技術開発力と、量産できる体制がなくては競争力のあるものにならなくなった。

1969年に登場したスバル・ヤングSS。30馬力エンジンが搭載された。

スバル360の登場によって自動車メーカーになろうとする企業は、軽自動車から始めることが意味を持つようになったのである。スズキ自動車は、それ以前から軽自動車をつくっていたものの、マツダ、ダイハツ、ホンダ、三菱などが軽自動車をつくることで四輪部門への本格的な参入を果たしている。

1960年代に入ると、続々と軽四輪車が登場して大きな市場となった。その多くは空冷2気筒エンジンが採用され、ホンダ以外は2サイクルエンジンが多かった。

この時代に軽自動車は、さまざまな機構のものが各メーカーによって試みられていた。スバル360はリアエンジン・リアドライブのRR方式を選択したが、フロントエンジン・フロントドライブのFF方式や、小型車クラスのスタンダードだったFR方式もあった。また、乗用車だけでなく、ボンネットタイプやキャブオーバーのトラック、ライトバンなど車種も多彩であった。

1967年3月にデビューしたホンダN360は、軽自動車の世界に新しい価値を持ち込んだ。実用性と高性能を合わせ持ったことで、後発でありながらベストセラーカーとなった。これにより各メーカーは高性能化を図るようになり、スポーツバージョンがシリーズに加えられるようになった。競争力が激しい分野となったためにさまざまな試みがなされ、エンジンも変わり種というべきものが登場したのである。

マツダ・キャロル用360cc直列4気筒エンジン

オート三輪車のトップメーカーであった東洋工業・マツダは、乗用車には軽自動車クラスから参入する道を選んだ。三輪でも主力はトラックであったし、小型四輪もトラックをすでに市販していた。しかし、自動車メーカーとして確固たるポジションを獲得するには乗用車を主力にすることが必要になっていた。日本では、まだ商用車のほうが生産台数が多かったが、先進国では圧倒的に乗用車のシェアが多く、日本もそれに近づいていく傾向を示しつつあった。

1960年5月にマツダはもっともコンパクトな軽乗用車であるマツダR360クーペを発売した。リアシートは狭くて大人が乗るには窮屈であったものの、2+2として車両価格は30万円とスバル360より10万円ほど安く設定、小さいながらもスタイルも良くキュートなクルマだった。個人でクルマを所有する時代がやってきつつあるムードが醸し出されており、R360クーペへの関心も低くなかった。しかし、あくまでもエントリーカーとしての価値しかないものだった。

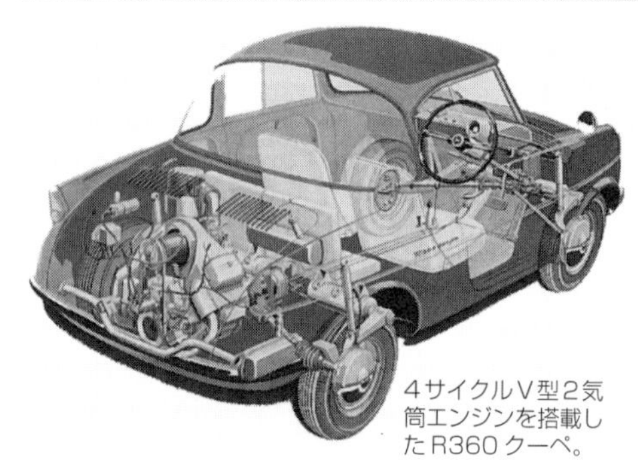

4サイクルV型2気筒エンジンを搭載したR360クーペ。

直列4気筒という、それまでにない機構のエンジンを搭載したマツダ・キャロル360。RR方式を採用。

そこで、マツダはスバル360に対抗して軽乗用車として価値のあるものをつくることにしたのである。こうして1962年2月にマツダ・キャロルが誕生した。

●360cc水冷直列4気筒というユニークさ

キャロルに先行するR360クーペは4サイクルV型2気筒エンジンを採用していた。軽自動車をつくるに当たって、マツダは他の多くのメーカーが採用する2サイクルエンジンではなく、コスト的には不利となる4サイクルを三輪トラックのK360のときから採用した。R360クーペはボア・ストロークを変更するなど、新開発したもので性能的にも16馬力を発生して2サイクルエンジンと同等になっていた。

4人がゆったり(?)乗れる軽乗用車キャロルの開発では、このR360クーペ用エンジンを改良するなどして搭載するという選択もあり得たはずだが、全く新しいエンジンとしたのだ。

それも、直列4気筒を360ccという軽自動車の排気量枠内でつくるという手法だった。オート三輪車のエンジンでは750ccでも単気筒が珍しくなく、軽自動車ではせいぜいが2気筒だった。単気筒エンジンを採用する例が少ないのは、振動などを嫌うことによるが、四輪となると機構的に贅沢にする必要がある。それにしても、水冷4気筒というのは軽自動車としては前例がない、ましてシリンダーヘッドだけでなくブロックもアルミ合金を採用するというのは、まだ小型車用エンジンでも日本では例がなく、常識的な選択ではなかった。

なぜ、マツダはそこまでやったのだろうか。

並はずれた高級感を出すというだけが狙いではなく、将来的に乗用車の進むべき道筋を思い描いていたからである。T型フォードをはじめとして四輪乗用車エンジンは、大衆車クラスでも直列4気筒にするというのがひとつの条件になっていた。戦前の500ccでスタートしたダットサンもオオタの小型車も、同様に直列4気筒だった。ヨーロッパの量産大衆車のスタンダードともいえるオースチン7も直列4気筒だった。いつの間

シリンダーヘッドだけでなく、ブロックもアルミ合金を採用したキャロル360用直列4気筒水冷エンジン。

1気筒90ccの直列4気筒OHV型エンジン。

シリンダーブロックとトランスミッション及びデフケースが一体化されている。クランクシャフトは5ベアリング式を採用。

にか、一人前の乗用車であれば、エンジンは最低でも4気筒にするというのが国際的なスタンダードになっていたといえる。

したがって、マツダが軽自動車でありながら直列4気筒エンジンにしたのは、乗用車としての国際スタンダードにするという意識があったからだ。軽乗用車といえども小型車並のものにするというマツダの自動車に対する「こころざし」が高かったからであるといえる。しかし、それだけではない。まずは360ccエンジンとして実用化するが、これをベースにして700ccあるいは800ccエンジンを開発して、小型乗用車部門に進出する計画を持っていたのだ。

R360クーペの場合は、軽自動車が特殊な枠内のクルマとして、機能的にムダを排した開発であったが、キャロルの場合は、軽自動車であっても合理性の追求ではなく「自動車らしく贅沢さを追求する」というコンセプトの元に開発が実施された。エンジンもそれを反映したものになったというわけだ。

空冷か水冷かという選択のなかでは騒音やヒーターの設置などを考慮すれば、水冷にするのは迷いのないところだった。コストを優先すれば空冷という選択になるが、製造の困難さも承知の上で、マツダは高級志向を前面に押し出すことにしたのだ。

もともとマツダは、技術的に高いレベルに進むことに意欲のあるメーカーだった。将来的にモータリゼーションが発展していくという読みをしており、現時点での合理性を追求してコスト的につじつまを合わせる程度では、新規に参入するメーカーは立ちゆかないという認識を持っていたのだ。

●開発の経緯

キャロルはスバル360と同じくRR方式を採用している。直列4気筒という360ccとしてはコンパクトにしにくいエンジンであるから、うまく搭載しないと4人乗りの乗用車にするのがむずかしくなる。いくら高級感のある静かでトルク変動の少ないエンジンにしても、室内空間を圧迫するようではなんにもならない。そのあたりは充分に計算しており、目標達成できる技術力を持っているメーカーであった。

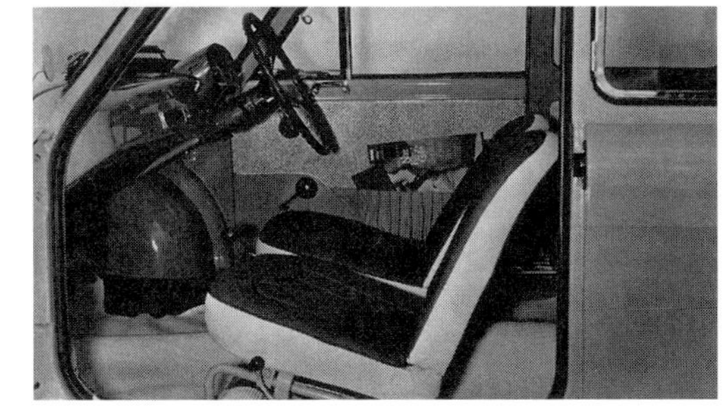

リアのクリフカットがキャロルのスタイルの特徴。リアガラスは直立、ホイールベースを大きくして室内を広くする努力がなされている。

直列4気筒エンジンはリアに横置きに配置され、ラジエターも同様にリアに横を向いて据えられている。ちょうどFR方式の縦置きエンジンと90度ずらした感じである。普通はラジエターに走行風を当てるようにレイアウトするものだが、キャロルの場合は走行風を当てにせずに冷却ファンによる冷却を優先させることで、こうした配置を可能にした。ラジエターに走行風を当てるレイアウトにするパッケージでは、パワーユニットをリアのトランク部だけに限定して収納することがかなりむずかしくなる。

このあたりが、開発でもっとも苦労したところであろう。

右側にあるサイドシルにはエンジンの吸入空気用のダクトが設けられ、フロントにあるボンネット内のダクトからリアにあるエンジンまで導かれている。ラジエターから放出される熱がエンジンルームにこもらないようにグリル形式の通風口を設けている。また、ラジエターとボディシェルのあいだには遮熱板が装着されている。

ボア・ストロークが46mm×56mmで90ccという小さい気筒容積でコンパクトな燃焼室である。圧縮比は10と、この当時としては高めの設定であるが、実際には11でもノッキングしないものになっていたという。OHV型ではウエッジタイプ燃焼室が普通であったが、高圧縮比にするために、半球型を採用している。アルミ合金製なので特殊鋳鉄製のライナーが入り、冷却にも行き届いた配慮がなされている。

マツダは、進んだ鋳造法であるシェルモールド法を早くから採り入れたメーカーであり、信頼性のあるエンジンにする自信があったといえるが、性能を確保する機構を選択して多少の困難さを技術で克服する態度を貫いている。ダクタイル鋳鉄を使用して鋳造でつくられたクランクシャフトは、5ベアリングと贅沢な仕様にしている。

搭載性を考慮して直列4気筒エンジンは横置きで傾斜搭載するが、シリンダーブロック部とトランスミッション及びデファレンシャルケースは一体になっている。デフとミッションは共通のオイルで潤滑され、エンジン側とは分離されている。最高出力18ps/6800rpm、最大トルク2.1kg-m/5000rpmで、トランスミッションは前進4段、2〜4速シンクロメッシュとなっている。

室内空間を確保するためにホイールベースを極力長くしている。このあたりはR360クーペでの開発技術が生かされており、サスペンション形式も工夫が凝らされている。

キャロルの特徴は、リアのクリフカットスタイルであった。リアガラスは垂直に立てられており、ルーフの傾斜によるリアシートの乗員の頭部のクリアランスを確保している。このスタイルがキャロルのイメージアップに繋がっている。

●その後の展開

キャロルの車両価格は他の軽乗用車と遜色ない37万円で、エンジンをはじめとしてコストのかかる機構にしていたから、割安感があった。車両重量は525kgとやや重くなっているが、軽自動車を超えたイメージがあり、一定の人気を博した。

その後、このエンジンを600ccに拡大して搭載したキャロル600を発売、同時に重い車体ゆえに加速が良くなかったので、キャロル360はマイナーチェンジでエンジン回転を7000rpmまで上げて20馬力とし、4ドアモデルも登場させた。最高速も90km/hから94km/hまで引き上げられた。

このエンジンをベースにして開発されたのが、1963年10月に発売されたファミリアシリーズの800ccである。まず商用車のライトバンからスタートしたが、それは通産省の圧力を配慮したからで、本命は小型大衆乗用車のファミリアセダンだった。ボア・ストロークは58mm×74mmと大きくしているが、キャロル360と同じ生産ラインでつくられるエンジンで、同じくシリンダーヘッドとブロックをアルミ合金にしていることから「白いエンジン」として、その先進性をアピールした。エンジンの生産量を多くすることで、コストの削減を図る計画がキャロルの開発のときから考慮されていたのである。

このころのマツダでは、ロータリーエンジンの開発も進められていた。キャロルだけでなく商用車のマツダB360も含めて車両開発のチーフは山本健一であった。1963年にロータリーエンジン研究部が設置されて開発に一段と力を入れるに際して、山本がその部長となり、後にミスター・ロータリーエンジンとまでいわれるようになる。マツダの車両開発の中心的な技術者をロータリーエンジンの開発に据え、マツダはこのエンジンに同社の命運を掛けることにしたのである。

1967年にはロータリーエンジン専用車種のコスモスポーツを発売、次いでファミリアクーペにもロータリーエンジンを搭載し、他のメーカーにない独自性を強調することに成功した。

1962年2月のキャロル発売から2年半後に発売されたファミリアセダン。782ccエンジンはキャロル360をベースにしたもの。

キャロルの後継モデルとして開発された軽乗用車のシャンテは、単ローターにしたロータリーエンジンを搭載する計画だった。シャンテはホイールベースを2200mmと軽自動車では最大の長さにして室内空間を広くした画期的なクルマだった。

コンパクトなロータリーエンジンを搭載する計画だったからだが、ロータリーエンジンの場合は排気量の換算が独特となり、軽自動車として認可されるには通産省の許可が必要だった。2サイクルは1行程がエンジンの1回転で終了して4サイクルより性能的に有利となるが、排気量にハンディキャップがつけられていなかった。

ロータリーエンジンの場合はローターの1回転で吸入から排気までの行程をこなすが、おむすび型のローターは同時に3箇所で各行程が進行するから1回転のあいだにパワーの源になる燃焼行程が3回あることになる。排気量換算ではファミリアロータリーでは約1000ccで100馬力だから、レシプロ4サイクルの2倍は出ていることになる。このあたりをどう解釈するかであったが、ロータリーエンジン搭載の軽自動車を認可することにマツダ以外のメーカーは難色を示した。コンパクトでパワーがあるエンジンに対抗する手段が見つからなかったからだ。

結果として、軽自動車にロータリーエンジンを使うことは認可されずに、やむなくマツダは開発の進行していたシャンテにはキャブオーバートラックに使用されていた2サイクル2気筒360ccエンジンを搭載して発売した。しかし、マツダにとっては、これは仮の姿であった。

軽自動車にロータリーエンジンを搭載することが認可されずに、マツダは堪忍袋の緒が切れたようにシャンテをモデルチェンジすることもなく生産中止、軽乗用車部門から撤退を決めたのだった。

ホンダT360用DOHCエンジン

これは、1963年にホンダが四輪自動車に参入するときのことである。

ホンダが世界一のオートバイメーカーとなったのは、最初から大量生産を意識し実行したからでもあった。イギリスやイタリアを中心とするヨーロッパのオートバイメーカーは、フォードに見られるアメリカ型の大量生産方式を選択するところがなかった。二輪車の世界で、最初に大量生産方式を実行したのがホンダである。この路線を継承したのがスズキやヤマハといった日本のメーカーであった。

ホンダは二輪の分野で世界一になったからといって、その地位を守るだけのメーカーではなかった。

1960年代になるころには、四輪メーカーになる準備が始められた。二輪の世界GPレース用エンジンの開発で見たように、ホンダはどこにも負けないエンジン技術を身につけつつあった。敗戦により軍需産業に関わっていた優秀な技術者たちは、多くのメーカーに就職した。自動車メーカーも、その人たちが入って戦後の自動車技術の進展に寄与しているが、1950年代の後半になると、トヨタや日産は新卒の人たちを育てる方向になった。

ホンダはメーカーとして成長する過程で、経営の苦しくなったメーカーの技術者や転身を図ろうとする人たちを積極的に雇い入れた。四輪部門に参入するにも、こうした外から来た技術者たちが貢献した。

このころ、自動車産業の監督官庁である通産省は、乗用車に関する貿易の自由化を前にして、いかに国際的な競争力を付けるかに腐心していた。原材料を輸入して完成品を輸出することで日本の経済発展を図ろうとする立場から見ると、乗用車メーカーを育成することが重要だった。そのため、開発はトヨタと日産に集中させて生産を含めて効率よく進

ホンダ最初の四輪車として登場したT360トラック。

セミキャブオーバータイプ、積載量350kg、変速は前進4段、タイヤ径12インチ。

めなくては、欧米の水準に追いつき追い越すことができないという判断だった。

ところが、ヨーロッパのメーカーと技術提携したいすゞや日野自動車を初めとして、オート三輪メーカーだったダイハツやマツダなどが四輪部門に参入しようとし、製造工場の建設などの設備投資に奔走しており、過当競争の状況を呈しているように見えたのである。

そこで、1961年になって、乗用車に関して通産省は、量産メーカー、特殊乗用車メーカー、軽自動車メーカーと、自動車メーカーを三つのグループに分け、それぞれ生産する車種を限定するという方針を打ち出した。具体的には量産メーカーはトヨタと日産で、プリンスやいすゞなどは特殊車メーカーとなり、新しく参入するダイハツやマツダなどは軽自動車メーカーとなる。

通産省の役人が、ホンダの本田宗一郎社長に四輪部門への参入を控えるように説得を試みた。しかし、本田社長にとって、それは逆効果だった。何よりも自由競争が重要で、力のあるものが生き残ることが発展する源であり、企業の活動に枠を嵌めるやり方は、産業そのものの力を弱めるものでしかないという主張をした。本田社長は通産省の方針に反対する急先鋒になった。

繊維や鉄鋼など、輸出で実績を上げている日本が、自動車に関して自由化を遅らせて欲しいといえる国際的な状況でなくなっていた。しかし、通産省では乗用車の車両価格は欧米の水準に比較してまだ高く、技術的にも劣っていると焦りを募らせていた。戦後は、ずっと自動車の輸入は最少限に抑えて、国産技術の発展で競争力が付くまでは保護政策に徹する方針を貫いてきていた。1950年代に輸入を認めていたら、日本の自動車産業は壊滅的な状況になっていた可能性があることは否定できないところだ。トヨタも日産も、日本の政府にまもられて技術を磨くことができたのである。

その延長線上で、国産乗用車の車種を絞って大量に生産することで、国際的な競争力を付けるというのが通産省の役人たちの基本的な考えだった。

ホンダでは、これに反対する活動を活発にしながら、四輪車の開発をしていた。“外人部隊"といわれた途中入社の技術者たちがその中心で、最初はごくオーソドックスな軽乗用車を企画した。

しかし、ど派手なことが好きな本田社長には気に入らないことだった。そこで、途中から日本ではまだつくられていない本格的なライトウエイトスポーツカーをつくることに変更された。そうしたなかで、最初のホンダから市販された四輪車は、セミキャブオーバータイプの軽トラックだった。とにかく四輪メーカーとしての実績をつくることを優先した結果であるが、これはスポーツカーを開発したことと無縁のクルマではなかったのだ。

●その驚くべき過激なユニークさ

軽自動車部門に荷台の大きなトラックから参入すること自体は、少しも驚くことではない。しかし、ホンダは自動車に関心のある人たちの「度肝を抜く」ことが好きなメーカーである。それは、ひとえに創業者で1973年まで同社を牽引した本田宗一郎社長のパーソナリティの反映である。このホンダT360と名付けられたトラックのエンジンには、スポーツカー用ともいうべきDOHCエンジンが搭載されていたのである。

AK250E型と呼ばれた直列4気筒エンジンはボア・ストロークが49mm×47mmの354cc、最高出力30ps/8500rpm、最大トルク2.7kg-m/6500rpmであった。軽自動車用エンジンはせいぜいが20馬力程度であったから、異例ともいうべき高性能であった。それが乗用車ではなく、トラック用としてであったから、なおさらである。

高回転エンジンらしくシリンダーヘッドだけでなく、ブロックもアルミ合金製で鋳鉄ライナーを挿入した水冷エンジンである。冷却を良くするためにウエットライナーとなっており、吸気バルブ径27mm、排気バルブ径24mmの2バルブである。高性能なDOHC2バルブエンジンの常としてバルブ挟み角は69度と大きくして、吸排気効率を高めている。

実際には、このエンジンはスポーツカー用に開発されたものである。ホンダでは360ccの軽と500ccの小型スポーツカーを同時に市販する計画だった。しかし、軽の枠内でつくるにしても車両重量を軽くすることがむずかしく、スポーツカーとしてはパワー不足になった。このエンジン

DOHC2バルブエンジンは全高を低くして搭載される。

をベースにしてボア・ストロークを54mm×58mmに拡大して500ccの4連キャブレターにすると44馬力となる。やはりこのくらいのパワーが必要で、軽のスポーツカーは市販されないことになったのである。

実際に500ccエンジンのスポーツカーが市販されることになるが、せっかくつくった軽のサイズのエンジンだからとトラック用として使うことにしたのである。普通の自動車メーカーであれば、トラック用エンジンは実用性を考慮して使いやすさを優先したエンジンを別に開発するはずである。

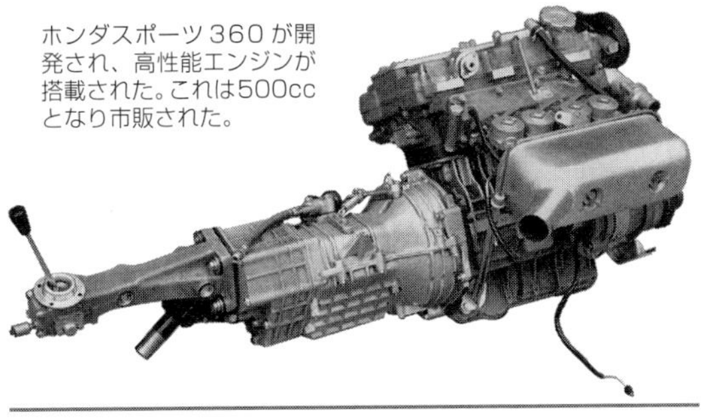

ホンダスポーツ360が開発され、高性能エンジンが搭載された。これは500ccとなり市販された。

スポーツカー用エンジンを軽トラックに搭載するということで、高性能にこだわるホンダらしいと、イメージアップという面では成功したのだった。

●開発の背景

本当のところは、スポーツカー用のエンジン以外に軽自動車用エンジンを別に開発するリスクを避けたということができる。ホンダは二輪車でも、高性能バイクを市販するかたわら、スーパーカブのように実用に徹した乗りものを開発して成功している。スーパーカブは、ホンダのなかでもっとも売れた製品で、その量産によってホンダは企業として大きくなれたといっていい。経営的に安定することを可能にする商品を持たなくては、新しいステップに踏み出すことはむずかしいのだ。

四輪に参入するに当たって、実績を早くつくる必要があったから、まずは軽トラックを出して、すぐに小型スポーツカーを発売するという戦略をとることにしたのである。同じラインで生産できるエンジンであるから効率がよい。贅沢な機構を選択して直列4気筒アルミエンジンにしたマツダキャロルと共通する考えでもあるが、自動車のように装置に資金を投入しなくてはならないものでは、生産効率を配慮するのは当然のことである。

それにしても、高性能エンジンのトラックはありなのだろうか。

ホンダT360のエンジンの搭載状態。
シート下に収納された水冷エンジン。

スポーツカーに搭載するなら、キャブレターも4連にしたであろうが、このエンジンは低中速回転領域を重視し、1、2速のミッションのギア比を狭くして町中での走りに不満が出ないように配慮されていた。燃費が良いとは思われないが、この時代は性能が良ければある程度はやむを得ないと考えるのが自然であったから、特に不利な条件ではなかったろう。

2人乗りで350kgの荷物を積むことができ、最高速度は100km/h、車両価格は34.9万円だった。ちなみに、ホンダ360スポーツは発売前にモーターショーなどで姿を現しており、一部ではカタログまでつくられている。それによればエンジンは33ps/9000rpmとなっており、最大トルクは同じであるが、そのときの回転数は7000rpm、車両重量510kg、最高速度120km/hとなっている。

走行テストを重ねるなかで、シャシーの剛性不足が出てきたために、その対策をすると車両重量がさらに増えることになり、結果としてスポーツカーらしい走りを得ることがむずかしくなったのも市販を諦めた理由のひとつだった。

●その後の展開

ホンダの軽トラックでは、1967年にシングルOHCエンジンのフルキャブオーバートラックが別に市販されたが、ホンダT360も併売された。多くなかったにしても熱心なファンがいたからだ。

ホンダが軽乗用車のN360を発売するのは1967年3月のことである。1965年から開発が始められ、当初はV型4気筒の企画もあったようだが、市販されたのは空冷4サイクル直列2気筒エンジンだった。高性能バイクのCB450用DOHCエンジンをベースにしたもので、これを360ccにしてシングルOHCにしている。最高出力は31ps/8500rpm、最大トルク3.0kg-m/5500rpmという軽乗用車のなかでは群を抜いた性能であったが、量産を意識した機構である。この点では、四輪への進出を優先したT360とは異なる進め方だった。

ホンダが新しく1972年に市販した軽乗用車のホンダライフは、N360のモデルチェンジと見ることもできるが、エンジンは水冷式になっている。

ちなみに、通産省の自動車メーカーに対する政策と圧力についてのその後のことに触れておく。

通産省の考えは時代の流れに遅れるかたちで破綻を来たし、本田宗一郎たちの主張が通ったかたちになり、結局は自由競争にゆだねられた。

ホンダS500用DOHCエンジンのキャブレターは、京浜製横向き可変ベンチュリーを4個装着、クランクシャフトにはニードルベアリングを使用。

1965年10月に乗用車の輸入が自由化されたが、実質的には日本の自動車メーカーには影響を与えなかった。それでも、通産省は自動車に関しての資本の自由化は1971年まで遅らせたので、GMがいすゞに資本参加したり、クライスラーと三菱が提携するのは、それ以降のことで、アメリカのメーカーに従属する日本メーカーが増えることはなかったのである。

スズキ空冷2サイクル3気筒エンジン

マツダやダイハツがオート三輪車の衰退により四輪メーカーに転身せざるを得ない状況に追い込まれたのと違って、スズキは一貫してマイペースで進んできたように思われる。織機からの転身を図ったのは、織機の耐用年数が長いことから、企業としての将来性を考慮したからだ。その活動は1951年に自転車などに装着するバイクエンジンの試作から始まり、その量産化を進めた。オートバイに進出するのは1954年になってからだ。スズキはホンダが東京への進出を図っても浜松を本拠地にしており、それは現在も変わっていない。

スズキがいち早く四輪車の試作を始めた1950年代前半は、まだ、軽自動車が市民権を得ている状況ではなく、市場の規模も不明であった。その開発では、ドイツなどの2サイクルエンジンを参考にして、低速トルクを重視したものになった。

このころの軽自動車の最高速度は40km/hに制限されていたからだが、2サイクルであることから始動性が良くなく、エンジンの焼き付きなど問題を抱えていた。この解決のために、2気筒は別々のシリンダーとして冷却フィンの面積を拡大、冷却性が向上し、生産性も良くなった。各部品の精度も上がり、耐久性のあるエンジンに進化していった。

1950年代の後半に入ると、二輪のレースでの成果が採り入れられるようになり、高性能志向となった。1959年に登場した2気筒エンジンはボア・ストローク64mm×58mmとショートストロークとした。2サイクルの潤滑は独特のものがあるが、1962年からはオイル消費を少なくするために分離給油エンジンの開発に入り、1965年にはCCI (Cylinder Crank Injection)という、必要な箇所にオイルを供給するシステムを実用化した。この分離給油方式によって2サイクルエンジンは性能的に安定、白煙の吐出量も少なくなり、耐久性も確保された。

1967年にモデルチェンジされて登場したフロンテ。FF方式からRR方式に変更。

軽自動車の最高速度が60km/hに引き上げられるのにともない、1965年になるとエンジンの高

性能化の競争が激しくなった。これに対応してシリコンの含有量を多くしたピストンにするなど改良が加えられた。

●高回転に徹したユニークなエンジン

1960年代の後半になると、軽自動車は若者のあいだで人気となった。軽自動車によるレースも盛んに行われるようになり、ホンダやスバル、スズキなどをチューニングしたクルマがサーキットを走るようになった。自動車メーカーはスポーツキットを用意するところもあったが、町のチューニングショップが中心でレース仕様車がつくられ、小型車ほどお金を掛けなくてもレースを楽しむことができるようになった。

軽自動車のエンジン性能を上げる競争が見られるようになり、若者をターゲットにした車種が設定される。スバル360のヤングSSなどはその代表である。

1967年にスタイルを一新してニューモデルとなったスズキフロンテも、若者に受けるクルマとして開発された。高性能を意識したエンジンは、それまでの2気筒から3気筒の新型になった。2ストロークの機構に磨きがかかり、性能を上げて軽量化が図られた。このLC10型エンジンはボア・ストロークが52mm×56mmで、最高出力が25ps/5000rpm、最大トルクが3.7kg-m/4000rpmだった。3気筒にすることで2サイクルとしての静粛性を確保し、気筒ごとにキャブレターを装着するという出力を意識した機構であった。

このエンジンをリアに搭載したRR方式のニューフロンテは、車体の軽量化も図られ、スポーティに走るクルマとして

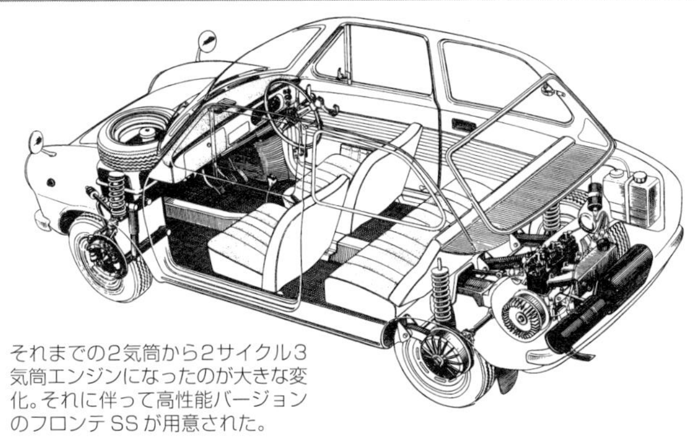

それまでの2気筒から2サイクル3気筒エンジンになったのが大きな変化。それに伴って高性能バージョンのフロンテSSが用意された。

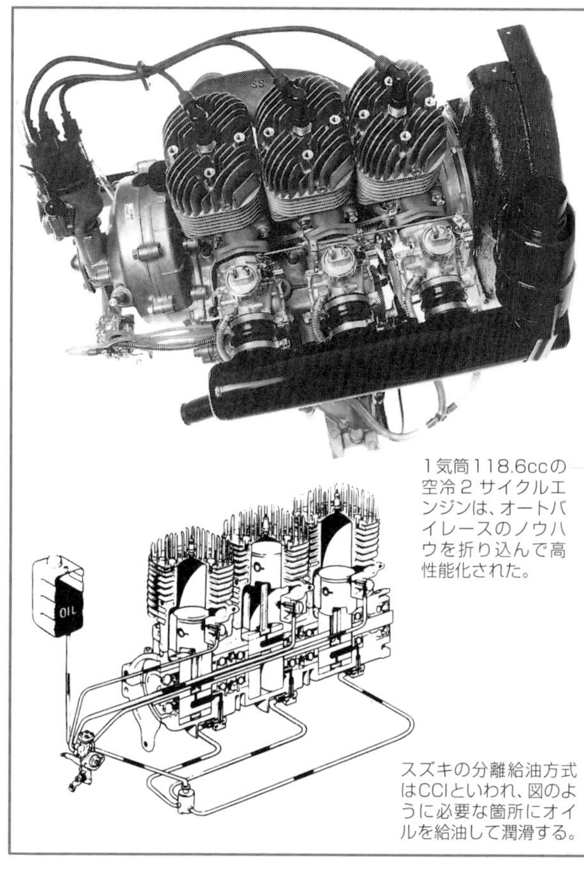

1気筒118.6ccの空冷2サイクルエンジンは、オートバイレースのノウハウを折り込んで高性能化された。

スズキの分離給油方式はCCIといわれ、図のように必要な箇所にオイルを給油して潤滑する。

開発された。

ここで採り上げるのは、このエンジンをベースにした高性能エンジンである。スズキ自身がチューニングして高性能に仕立てたこのエンジンがユニークなのである。

1968年11月に登場したフロンテSSのエンジンは36ps/7000rpmの性能だった。リッター当たり100馬力を達成した市販エンジンである。高性能エンジンを求めるユーザーの要望に応えるべく、速く走ることを目標にして開発された。その結果、125km/hという最高スピードを記録した。0-400メートル加速は19.95秒と、小型車でも達成できない20秒を切っていたのだ。

このエンジンで驚くことは、装備されたタコメーターには0～3500rpmのところがイエローゾーンになっていたことだ。3500rpm以下のゾーンは使用すべきではないという意味だ。高回転域での性能を追究した結果、低回転では使いづらいエンジンになったのである。走行していてスピードが落ちてエンジン回転が下がり気味になったときに、素早くシフトダウンしないと3500rpm以下になってしまう。そうなると、車体がガクガクと不安定な動きとなりスムーズな走りができなくなる。市街地の渋滞などでは扱いづらいエンジンである。

低回転では混合気が各シリンダーにスムーズに入っていかなくなって、燃焼が安定せずにパワーがうまく出ないのだ。走行中には、常にタコメーターを見て、エンジン回転を落とさないように注意していなくてはならない。ただし、高回転でつないでいくとクルマは、生き生きと俊敏に走る。サーキット走行向きともいえるレーシングエンジンそのもののチューニングになっていたのだ。

もともと3気筒にすれば低速域のトルクが小さくなりがちだが、それを補うのではなくバルブタイミングの設定などで高回転時にマッチングさせているので、よけいに低回転時には性能がスポイルされる。

いくらスポーツタイプといえども、ここまで過激なチューニングエンジンをメーカーが市販したのは、このクルマだけであるといえるのではないだろうか。

まだ、オートマチックトランスミッションは普及しておらず、マニュアルシフトが当たり前の時代で、マニアはヒール&トゥをマスターすることに熱心だった。現在は、電子制御されて低回転域から高回転域までスムーズに使用することができるエンジンになっているから、こうした偏った高性能エンジンのフィーリングを味わう機会はなくなっている。

しかし、この時代にはスピードショップなどでチューニングしたエンジンは、低回転領域がほとんど使えないエンジンになっていた。それと同じエンジンのクルマを自動車メーカーが市販したのがユニークである所以だ。

運転に自信がある一部のドライバーには非常に好評だった。市販車を購入して、こうしたチューニングをするには、ふつうは車両価格と同じ以上の金額を出さなくては手に入らない性能とフィーリングだったからだ。

●その後の展開

36馬力のフロンテSSは、一部のマニアをターゲットにしたクルマであり、25馬力のフロンテスタンダードでは普通に走ることができる。それでも、こうした過激なクルマをシリーズに加えるのは、スズキが自動車メーカーとして「大人」でなかったからだが、だからこそマニアには大いに受けたのである。大なり小なり、市販するクルマの場合は実用性を考慮するのが自動車メーカーとしては常識である。それを敢えて破ったところにスズキの面目がある。

軽自動車の場合は、この方々が支持されたところもあった。ホンダN360などのベストセラーカーには販売台数で及ばなかったものの、スズキは1960年代の後半には一定のシェアを確保して、自動車メーカーとしての地位を確保した。

1970年にモデルチェンジされてデビューしたフロンテ71。

1970年代に入るころから、排気規制の動きがあって、スズキも空冷エ

1971年に登場した2人乗りのフロンテクーペ。エンジンだけでなくボディスタイルもスポーティになり、コクピットも軽とは思えない本格的スポーツムードとなった。

ンジンから水冷エンジンに切り替えざるを得なくなる。水冷となっても2サイクル3気筒であることには変わりなく、高性能に磨きが掛けられた。

1971年には、2人乗りのフロンテクーペが登場する。そうでなくても、軽自動車のサイズなので4人乗りでは狭い感じのあったフロンテは、2人乗りにすることによって車両としてのスポーツ性を発揮するクルマをつくり上げたのである。前面投影面積を小さくして、全高1200mmという車高の低さが特徴である。フロントウインドウの傾斜を強めることができたのも、2人乗りと割り切ったからである。フロア位置も低くして重心位置を低めに設定、精悍なイメージのスタイルとなった。

インテリアもブラックを基調にしてスポーツカーとしてのムードを強調するデザインであった。コクピットとメーターパネルだけを見れば、とても軽自動車とは思えない高級スポーツカーそのものである。一部のマニア向けの高性能なエンジンを搭載することで始まったスズキの軽自動車の新しい路線は、クルマ全体まで過激なものになったのである。

軽自動車のなかで突出した性能を求めようとするスズキは、性能とは別のところで他のメーカーでは考えられない動きを示した。1979年5月に登場したスズキアルトがそれである。登録は商用車となっているボンネットタイプのライトバンであるが、明らかに乗用車として使用することを意図したものだった。

商用車であれば物品税などは安くなるので、車両価格も47万円と、この時代の軽乗用車の半分近い価格設定であった。同じような使い方で性能的に遜色ない軽自動車が非常に安く購入できるのだから人気になるのは当然であった。「大人」のメーカーには考えつかないやり方であったが、他の軽自動車メーカーも、このやり方に追随せざるを得ないほどの成功だった。

こうした、他のメーカーとは違った視点に立って活動するスズキは、その後も大いに成長し、軽自動車メーカーとして業界をリードし続けるのである。

三菱軽自動車用5バルブエンジン

ここで採り上げる三菱の軽自動車用エンジンは1993年に登場したものである。この前に触れたスズキ空冷2サイクルエンジンから20年以上経過している。そのあいだに軽自動車の車両規格は大きく変更されている。1976年にはエンジン排気量が360ccから550ccまで引き上げられ、1990年1月には660ccとなっている。したがって、軽自動車のあり方だけでなく、エンジン性能も大きく変化している。

日本のモータリゼーションの発展とともに軽自動車は確固とした地位を確保し、順調に発展してきた。1970年代にはホンダやマツダが小型車クラスに勢力を注ぐために軽乗用車部門から撤退したものの、1990年代になって、ともに再び参入している。ただし、エンジンその他をOEM供給してもらうという中途半端な手法のマツダは成功しているとはいえない状況だ。

軽自動車でトップメーカーとしてその地位を守ったのはスズキとダイハツだった。ともに、軽自動車を主力商品としていることで、力の入れ方が他のメーカーとは違っていた。小型車に力を入れて及び腰で軽の開発にとり組んだ富士重工業は、シェアを落としている。

三菱はどうだろうか。財閥グループの企業である三菱自動車は、2003年にトラック・バス部門の三菱ふそうを分離するまで軽自動車から、普通自動車、大型バス・トラックと、すべての分野の自動車を生産するメーカーであった。

幅広く展開しているが、どの分野もトップに立つほどではなく、いずれも平均点あるいはそれよりちょっとましであるといったところだ。企業としての技術力や底力があるからだが、そこそこにまとめることができても、個性的なクルマをつくってアピールすることは得意ではない。

クルマとしては平均点を超えるものに仕上がっていても、そのクラスで際だつもの

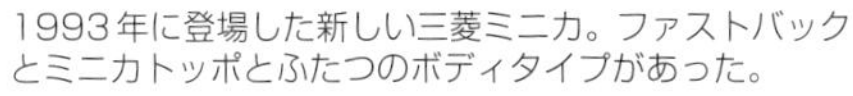
1993年に登場した新しい三菱ミニカ。ファストバックとミニカトッポとふたつのボディタイプがあった。

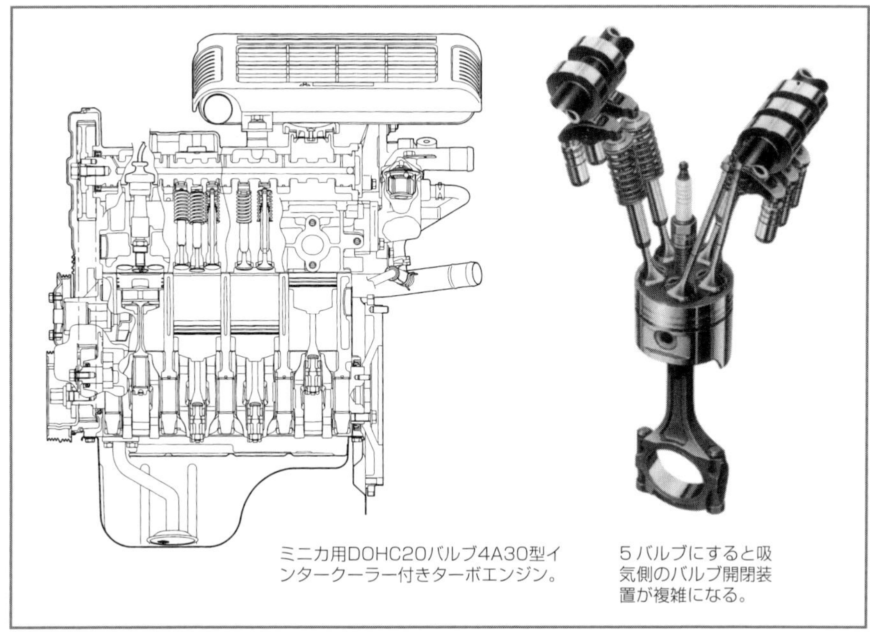
ミニカ用DOHC20バルブ4A30型インタークーラー付きターボエンジン。

5バルブにすると吸気側のバルブ開閉装置が複雑になる。

があれば、影の薄い存在になってしまうからだ。いずれにしても、三菱自動車は軽自動車でもパイオニアではなく新規参入組である。

その三菱の軽自動車の系譜を振り返ってみると、最初に三菱の軽乗用車が登場したのが1962年10月、このときから「三菱ミニカ」という車名だった。多くがライトバンと共通の2ボックススタイルの乗用車を出しているときに3ボックススタイルで、リアにトランクルームを持つセダンだった。FR方式を採用、小型乗用車を軽自動車の枠でつくったものといえる。

1969年7月にモデルチェンジされて、2ドアハッチバックとなった。出力競争を意識して、1968年にデビューした水冷2サイクルエンジンは、スタンダードの25馬力と高性能38馬力をシリーズに用意した。1972年10月に登場する「ミニカF4」は排気対策を考慮して4サイクルに切り替えている。水冷2気筒OHC、最高出力32ps/8000rpm、最大トルク3.0kg-m/5500rpmである。1976年の軽自動車の新規格にともなって471ccにしたエンジンは水冷2気筒OHC、最高出力30ps/6500rpm、最大トルク3.7kg-m/4000rpmとなっている。1980年代のターボブームに便乗して、軽自動車にもターボエンジンを搭載する。

1984年にモデルチェンジされたミニカは、ここで初めてFR方式からFF方式に転換する。軽自動車のなかではもっとも遅いFF化である。それまでは、旧モデルの正常進化型にすることに力が注がれており、コスト的にシビアなスズキやダイハツと比較する

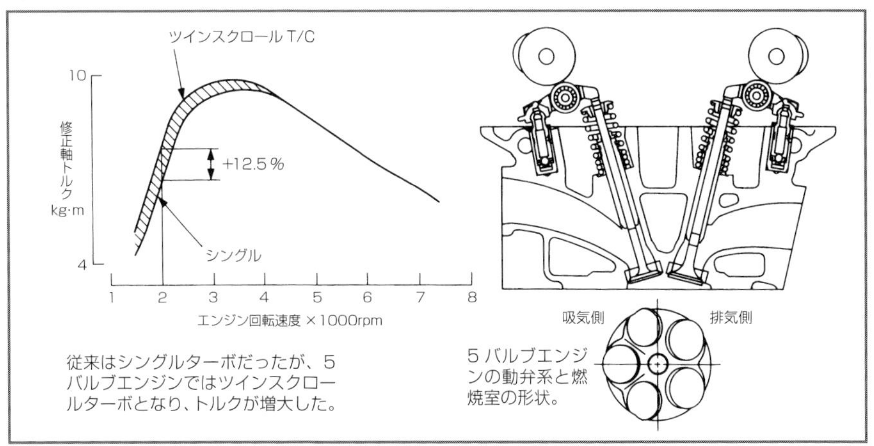

従来はシングルターボだったが、5バルブエンジンではツインスクロールターボとなり、トルクが増大した。

5バルブエンジンの動弁系と燃焼室の形状。

と、メーカーとしては保守的だったといわざるを得ない。そして、1990年に軽の規格が改定されたことにともなって、1993年9月にミニカはフルモデルチェンジされる。

●直列4気筒20バルブエンジンの登場

1993年といえば、バブルが崩壊して景気も後退局面に入っていたが、車両企画を立てたのはバブル真っ盛りのことで、贅沢な仕様にしたほうが受けるという見通しを立てていた。三菱だけでなく、どの自動車メーカーも例外ではなかった。機構的にDOHC4バルブがトレンドになってきたところで、660ccまでエンジン排気量が引き上げられ、直列4気筒エンジンが登場するようになった。軽でも高級であることが条件になった時期だった。

ということで、高級感を出すことで優位に立つには、並の機構ではだめだと判断した三菱ではDOHC4バルブでは新しさがないと、1気筒5バルブエンジンを登場させたのである。これにインタークーラー付きのツインスクロールターボを組み合わせて、最高出力64ps/7000rpm、最大トルク9.9kg-m/3500rpm、ボア・ストロークは60mm×66mmであった。64馬力というのは、この後もメーカーの自主規制によって最高の数値となっている出力だ。

この軽自動車用とは思えないエンジンは、660cc3気筒シングルOHCエンジンをベースに4気筒化したもので、ストロークは同じ長さ、4気筒化に伴うサイズの増大を最小限にして全長を50mmのプラスに抑えている。4気筒にすることで振動騒音を少なくして中高速域の出力増大を狙っている。

吸気バルブを3本にしたのは、吸入空気量を増やして出力向上を図るためということになるが、バルブ機構をそこまで複雑にする必要があるかは疑問である。4バルブ

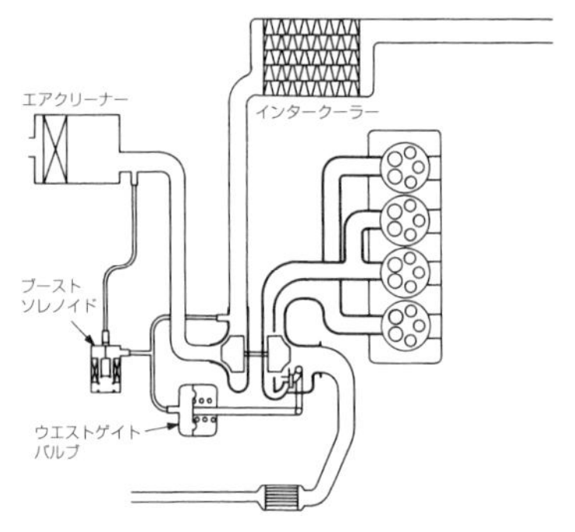

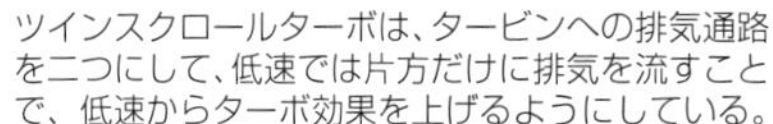
ツインスクロールターボは、タービンへの排気通路を二つにして、低速では片方だけに排気を流すことで、低速からターボ効果を上げるようにしている。

より高級な印象になることで付加価値を高めようとする戦略である。シングルOHC4気筒のNAエンジンでも同じく4バルブ方式にして最高出力55ps/7000rpmという性能となっているのだから、5バルブにしなくてもターボで64馬力は達成できたはずである。

●その後の経過

5バルブ化はボアが小さい方がやりやすいといえるが、その後、軽自動車用エンジンで5バルブにしたメーカーはない。

この5バルブエンジンの登場は軽自動車用エンジンの出力競争の新しい契機となり、どのメーカーもターボを装着して64馬力にしているが、自主規制することで出力競争に歯止めがかけられた。

エンジンとは直接的に関係ないことだが、1990年に三菱は全高を高くすることで室内空間を大幅に拡大したミニカトッポを発売して販売を伸ばした。全高を大きくする方法はRVで採用されて1980年代後半からのひとつのトレンドとなり、三菱がいち早く採り入れた。

しかし、1993年に、同じコンセプトで魅力的なスズキのワゴンR、次いでダイハツのムーヴが登場するとミニカトッポは色あせた存在になった。ミニカトッポを魅力的な商品として進化させることができず、軽自動車の分野で三菱はスズキとダイハツに遅れをとった。

第8章

排気規制対策で誕生したユニークなエンジン

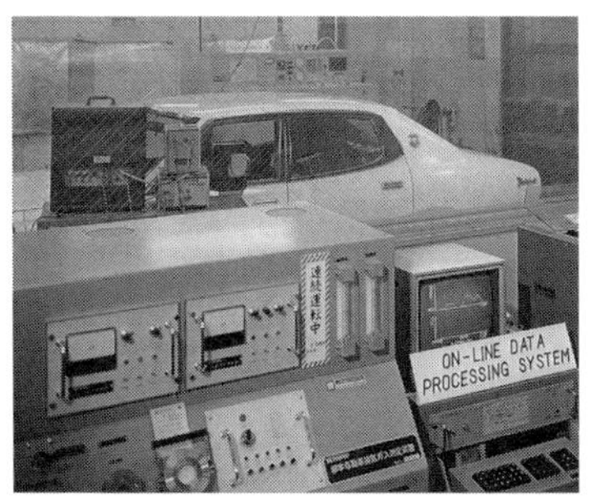

日産の1970年代における排気テスト装置。多くの実験とデータ収集にかなりの時間がかけられた。

1970年代の排気規制は、エンジン進化のうえで大きな影響を与えた。自動車大国であるアメリカで最初に自動車による公害問題が発生し、1960年代からCOなどの規制が始まったが、1970年に成立したマスキー法は、自動車メーカーにとっては技術的にクリアすることが困難なものといわれるほど厳しい規制だった。

日本でも、これと同じ厳しい内容で排気規制を実施することになり、自動車メーカーはその対策に大きなエネルギーを注がなくてはならなくなった。エンジン性能の向上には、吸入空気量の増大、燃焼の促進、機械損失の低減の三つが基本となる。従来は、出力向上を目的として吸入空気量を増やすことが課題だったが、排気規制に対応するには、まずは混合気の燃焼を良くすることが重要になった。有害物質として排出量を大幅に削減しなくてはならないのは一酸化炭素CO、炭化水素HC、窒素酸化物NOxであり、そのためには完全燃焼を目指しながら燃焼温度をあるレベルに抑えることが求められたのである。

困難なのは、COとHCの排出量を削減すると、もう一つのNOxが増えるという二律背反的な要素が加わることだ。COとHCは完全燃焼させると減少するが、そうなると燃焼温度が上がって、吸入された空気の中に大量に含まれている窒素N_2が酸素Oと結びついて窒素酸化物NOxになってしまうからだ。

世界中の自動車メーカーが、そのための解決方法を見いだすことができない状態のなかで、規制が実施されることが決まった。アメリカのメーカーは、とても規制をクリアする見通しがつかないから実施を延期するように要請したが、1972年にアメリカ環境保護庁(EPS)が、これを却下し、メーカー側は裁判所に提訴、しかし、行政側は規制を実施する姿勢を崩す態度は一貫して取らなかった。

日本のメーカーは、1960年代にモータリゼーションの発展により大きく成長し、アメリカへの輸出が増大しつつあり、技術的にも欧米の水準に達したといえる時期だった。したがって、排気規制への対応は、技術的に欧米のメーカーとのハンディキャップは、それほどない状態にあったといえる。

どのメーカーも、排気対策のために大がかりな計測装置や実験装置をつくり、エンジン関係の技術者を増員して臨むことになった。さまざまなエンジン機構を試すためには、まず仮説を立てて、その狙いのエンジンを試作したうえで、膨大なデータを取る必要がある。それだけでなく、あらゆる可能性を追求しなくてはならないから、膨大な資金と人員と時間を投入する必要があったのだ。

なかには、4サイクルガソリンエンジンの時代が終わり、電気自動車など新しい動力に切り替わることになるという意見すらあった。マツダが実用化したロータリーエンジンは、HCの排出量が多いものの、NOxが少ない傾向のエンジンであることから、ロータリーエンジンに対して冷ややかな目で見ていたメーカーも関心を示した。NOxの排出量が少なければ、COとHCを減らすために排気の再燃焼を図るサーマルリアクターを装着することで、排気規制をクリアできる可能性があったからだ。レシプロエンジンでも、サーマルリアクターでエンジンから出てきた有害なCOとHCを燃焼させて排出量を低減させる方式を採用するメーカーは少なくなかった。

排気に含まれるCOなどを再燃焼させるのは、ムダに燃やして燃料消費量を悪化させることにほかならないが、そんなことをいっていられる状況ではなかった。エンジンパワーが落ちても、燃費が悪くなっても、まずは排気規制をクリアすることが優先されたのである。

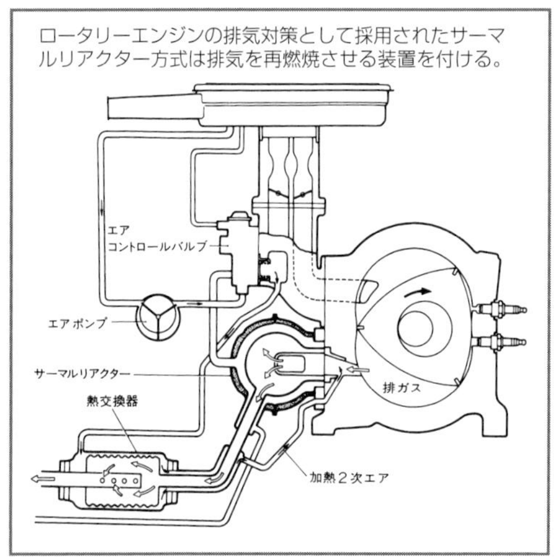

ロータリーエンジンの排気対策として採用されたサーマルリアクター方式は排気を再燃焼させる装置を付ける。

最終的には、酸化させることでCOとHCを削減、還元することでNOxを減らすことができる三元触媒の出現により、排気規制がクリアできる見通しが立てられた。しかし、そこへ行くまでは、どのメーカーも試行錯誤の連続だった。

三元触媒を使用するといっても、そのためには燃料と空気の混合比を理論空燃比である14.8対1に厳密に制御することが条件であった。そのころのキャブレターによる燃料供給は、もっとアバウトなものであり、パワーが欲しいときや始動時には濃いめの空燃比にするなど、一定に保つ技術などはなかったのである。そのために、酸素センサーや電子制御技術などを導入する必要があった。熱にさらされる排気管にセンサーを装着してトラブルなくデータをとってフィードバック制御するのは大変なことだし、空気の吸入量を計測して、それに見合った燃料量を供給するのも生やさしいことではない。

厳しい排気規制が始まる前の1973年秋にオイルショックが起こり、自動車にとってそれまでにない燃料の供給と価格に対する不安が生じたことで、アメリカの規制のうちNOxに関しては実施を延期することになった。しかし、日本では1975年から段階的に厳しい規制が実施され、1978年にはNOxを計画通り大幅に削減しなくてはならなかった。この時点では、日本の規制が世界でもっとも厳しいものになり、トヨタや日産などは三元触媒を使用するために、電子制御技術に独自に取り組むことになったのである。

この困難な技術的な課題に取り組んで解決を図ったことが、その後の日本のエンジン技術の発展に繋がった。排気規制のために導入されたエンジンの電子制御技術は、ガソリンエンジンを新しいステージに移行させる重要な技術であった。それまでは、出力を上げるためには燃費が悪くなるのは当たり前であり、低速領域を優先すれば高速性能がスポイルされるのは仕方のないことだった。

最初に電子制御されたエンジンとして1979年に登場した日産L28型エンジンと、それに使用された電子機器。

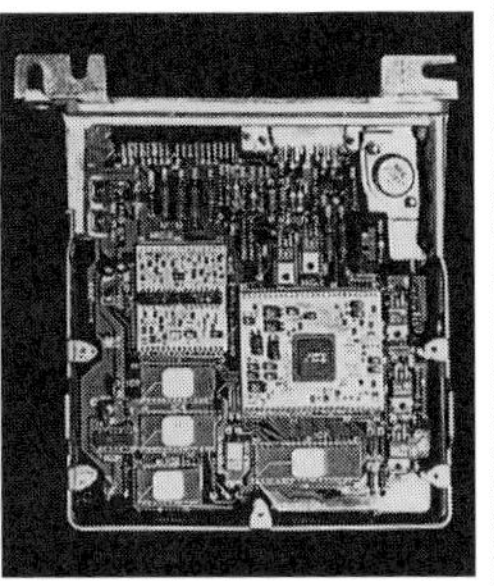

そうしたトレードオフの関係にあった性能が、両立する方向に踏み出すことができたのは、電子制御技術の発展によるものだ。

世界でもっとも厳しい規制に取り組むなかで獲得した技術は、日本の自動車メーカーを強くした大きな要因である。COやHCを削減するためにエンジン内の燃焼の状態を解析する技術や、燃焼の促進などのノウハウは、貴重な技術として各メーカーの財産になっている。電子制御も、エンジンのなかで起こる自然現象がどのようなものであるかを知ることで、有効に使うことができるものである。

この本では、主流になった技術ではないが、排気対策で生まれたホンダと日産のエンジンについて見ていく。両者とも三元触媒を使用しないでクリアしたエンジンである。

世界で最初に排気規制をクリアしたホンダCVCC

ホンダCVCCエンジンは、世界でいちばん最初に厳しい排気規制をクリアしたエンジンとして歴史に名前を残している。ゼネラルモーターズやフォードといったアメリカの大メーカーが不可能だといっていた技術開発を、自動車メーカーとしては規模の小さい日本のホンダが最初に成し遂げたのだ。ホンダは、排気規制という他の自動車メーカーにとっては逆風となった出来事を逆手にとって、有利に展開する道を開いたのである。どのメーカーも苦労している最中に、ポイントを絞って開発、エネルギーを集中できたことが達成できた原因のひとつだった。

●その開発の経過

ホンダでは、早くも1965年夏に大気汚染研究グループを発足させ、二輪の世界GP用高性能エンジンを開発した技術者たちを動員、これからは排気問題が重要になると考えてのことだった。最初は、将来的な課題としてロータリーエンジンやガスタービン、あるいはスターリングエンジンなどに関して検討、触媒に関しても調査し、アルコール燃料や水素を燃料とするエンジンについても調査研究を始めている。

1970年になって、排気規制が本格的に実施されることが確実になると、大気汚染対策研究室の技術者たちに、本田宗一郎社長は具体的な指示を出した。将来的な技術開発というスタンスではなく、緊急に開発することにしたからだ。排気対策は、エンジン本体の燃焼改善に集中すべきもので、触媒などの後処理によるものではないという

市販に向けてテストのためにつくられたプロトタイプCVCCエンジン。実用化されたCVCCエンジンと同じ機構になっている。

CVCCエンジンの断面図。左上方にあるのが副室で、混合気の吸入が別通路になっている。

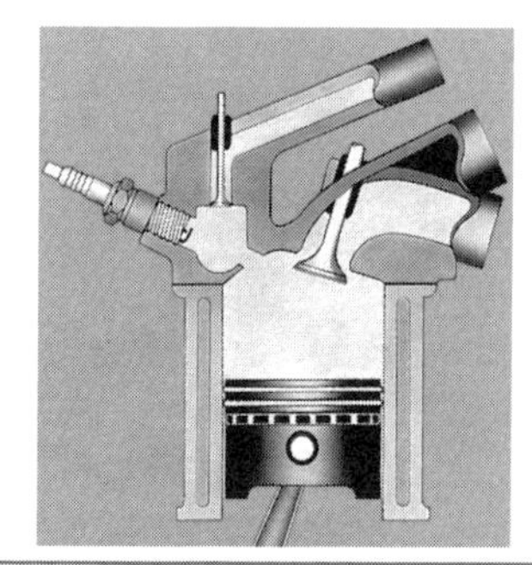

のが、本田社長の考えだった。

そのために、有害物質の発生を少なくするエンジンの燃焼状態を実現させることを集中的に追求せよというものだった。そのほかの考えられる技術開発までやっていたのでは、ホンダのような規模では人員が足りないこと、どのメーカーも莫大な投資をしているレシプロエンジンの生産設備を捨てるわけにはいかないはずだし、既存のエンジンに対する規制なのだから、エンジン本体で達成すべきだという考えだった。

これにより、吸気と燃焼の制御を基本にして対策を進めていくことになった。

エンジンのなかで燃料をうまく燃やすには、吸入された空気量に見合った燃料量を供給して混合させる必要がある。空気より燃料の割合が多いと不完全燃焼を起こして一酸化炭素COや炭化水素HCが増えてしまう。いっぽうで、窒素酸化物NOxを減らすには空気の割合を多くしたほうが良く、混合気を薄くする必要がある。混合比の割合をCOとHCの排出量も減少した状態で維持しつつ、NOxも減少する範囲におさまるように燃焼を制御すれば、排気規制をクリアすることができる。しかし、空気を多くして燃料を少なくすると、なかなかうまく燃えてくれない。燃料が足りないのだから当然といえば当然で、出力が低下する。

突破口は、ひとつの論文を読んだことだった。1969年に発表された当時のソビエト連邦の「過薄混合気を使用する火花点火機関についてのソ連における実験」というタイトルで、軍需用車両などで臨機応変にいろいろな種類の燃料を使用して作動させようとする実験に供されたエンジンのことが専門誌に紹介されていた。

そのエンジンは副室を持つガソリンエンジンだった。ふつうは副室を持つのはディーゼルエンジンであるが、ガソリンエンジンでも燃焼室のほかに、もう一つ小さい燃焼室を設けるエンジンが存在したのだ。つまり、この副室で濃いめの混合気で燃やし、それをもとにして本来の燃焼室（主燃焼室）で薄い混合気で燃焼させれば、安定した燃焼にすることができそうだった。

さっそく副室を持つエンジンをつくることになった。点火プラグがないディーゼルエンジンは、圧縮した空気を高圧縮して高温にして、高圧で燃料を噴射して圧縮着火する方式のエンジンであるが、これに空気を暖めるために使用されている副室にあるグロープラグを、ガソリンエンジンで使用する点火プラグに代え、燃料噴射ノズルを取り付けてガソリンエンジンに改

1966年当時につくられたホンダの主として発電機用のディーゼルエンジン。これを改良したエンジンで最初のテストが実施された。

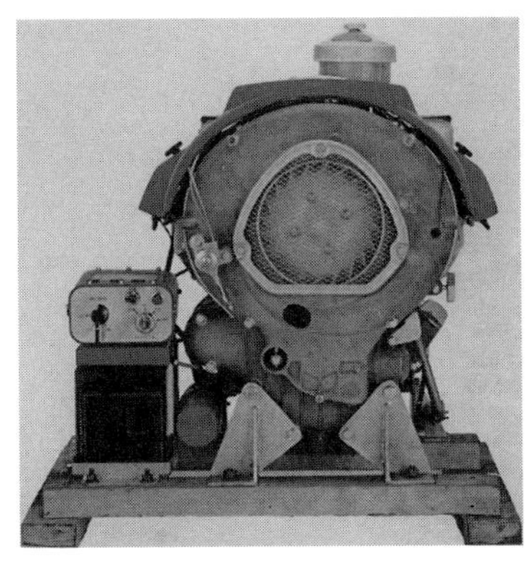

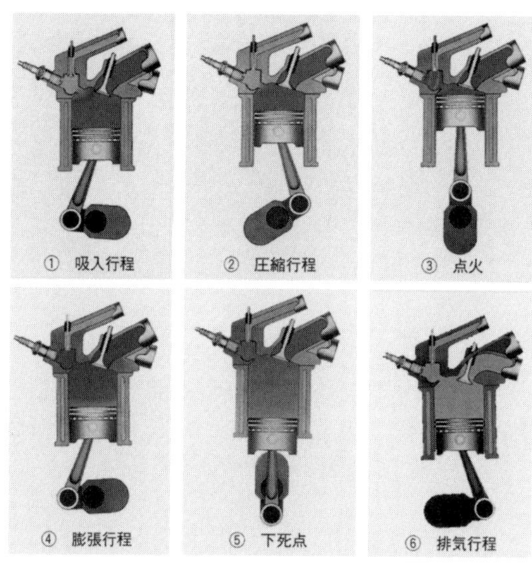

吸入行程では副室に濃いめの、主燃焼室に薄い混合気がそれぞれ吸入される。圧縮により副室のなかに濃いめの混合気が入って点火する。その火炎が主燃焼室に広がって燃焼し、ガスが膨張する(膨張行程)。

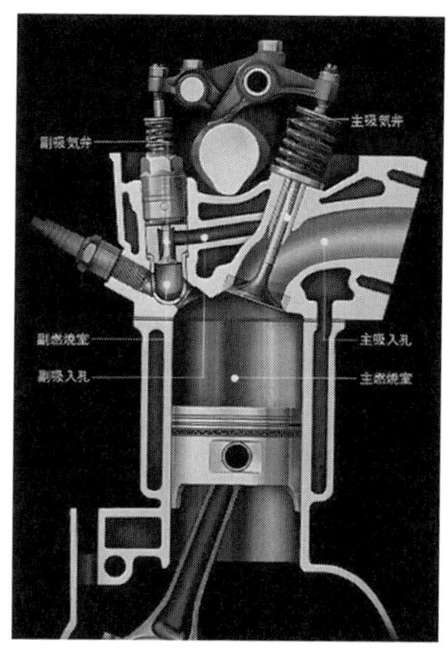

CVCCエンジンは副室に点火プラグと吸入用バルブを装着する。副室には、主燃焼室とは別通路から濃いめの混合気が入り、バルブはカムの回転を受けたロッカーアームによって開閉する。

造、ホンダの排気規制をクリアできる燃焼システムの原型がつくられた。

吸入行程で副室に濃い混合気を、主燃焼室に薄い混合気を流入させるが、圧縮行程になると主室からの薄い混合気が副室に逆流する。そのときに副室内の混合気が理論空燃比になるように設定する。そうすれば副室内で火炎が大きくなり、主室へ噴流する。この噴流火炎が主室の薄い混合気と混ざり燃焼を促進する。

副室に入った濃いめの混合気はピストンが下降するにつれてシリンダー内に入るが、圧縮行程に入って、ピストン上昇に伴って副室内に戻ってくる。このときに、点火プラグの周辺に比較的濃いめの混合気があれば点火が安定する。いわゆる成層燃焼となる。

排気を浄化するには、副室の大きさや主燃焼室への通路の大きさなどは、エンジン排気量によって微妙に燃焼状態が変化するので、多くの実験を要した。

1971年の初めにはマスキー法をクリアする目処が立てられ、「無公害エンジンの商品化」と題されて社内で発表された。その際に「複合渦流調整燃焼方式」、つまりCVCCエンジンと名付けられた。最初のCはCompoundの頭文字で、副室と主燃焼室を持つから複合という意味、次のVはVortexで渦流と訳されている。副室で燃え始めた火炎が主燃焼室に噴出すると渦流を引き起こすからだ。次のCCはControlled Combustionの頭文字で、調速燃焼という意味、つまり燃焼速度をコントロールすることを言い表している。

この分かったような分からないような名称になったのは、成果を発表する際に、内容をそのまま表す名称にしたのでは他のメーカーにヒントを与えることになるのを避けるためであった。本当なら副室式希薄燃焼ガソリンエンジンとでもいえばよいのだろうが、当たらずとも遠からずの名称にしておくことにしたのだ。のちにSAEや自動車技術会誌への発表論文では「三弁式層状給気機関」という言葉を用いている。副室にもバルブがあり、計3バルブエンジンだからだ。

1971年2月に記者会見をして、ホンダが排気規制をクリアしたガソリンエンジンの開発に成功したと発表、1973年には商品化する計画であると付け加えた。市販するまでには、まだまだ解決しなくてはならない問題がいくつもあったが、開発時期を短縮するために開発陣に発破をかける意味もあった。

CVCCエンジンは、開発中のホンダの新しいコンセプトの乗用車であるシビックに搭載することを前提に完成を急ぐことになる。

マスキー法をクリアするにはエンジンにかかるさまざまな負荷のときに排気をきれいに保つことを確かめなくてはならない。CVCC機構にした直列4気筒2000ccエンジンが相次いでつくられ、車両に搭載して走行状態をシミュレートしたシャシーダイナモでテストを繰り返した。こうして、マスキー法をクリアするデータがとられたことで、CVCCエンジンの量産化が図られたのである。

●シビックの発売とアメリカでの排気テスト

小型乗用車ホンダシビックが発売されたのは、1972年7月、エンジンは1200cc直列4気筒水冷エンジンである。排気対策のCVCCエンジンと並行して開発されたものだ。シビックは、それまでのスポーツカーやホンダ1300などのように高性能を狙ったものではなく、実用性を重視したエンジン横置きのFF方式であった。

搭載された1200ccエンジンは、使いやすく低速でのトルクを重視したエンジンだった。FF車にふさわしい仕様のロングストロークエンジンにして、車両のコンセプトにマッチした設計になっていた。

1972年に発売された初代シビック。

何でも、一番にならなくては承知できない本田社長には、シビックは面白いクルマには見えなかったようだ。しかし、乗用車部門に進出して成功するためには、高性能にこだわっているわけにはいかず、ホンダも方向転換を図

アメリカでテストに供されたCVCCエンジン。

らざるを得なかったのだ。

ホンダが低公害エンジンとして、CVCCエンジンの全容を発表したのは1972年10月、シビック発売の3か月後のことだった。ホンダは、世界のどのメーカーも達成していないマスキー法と、日本で実施される厳しい排気規制をクリアしたエンジンを持っていることを公にするとともに、どんな仕組みのエンジンであるかも公開した。シリンダーヘッド部分を改良するだけで、従来のエンジンを使用することができることも強調された。

この発表は、内外で大きな反響を呼んだ。この報に接したアメリカ合衆国の環境保護庁から、ホンダにCVCCエンジンの提出要請があり、12月には環境保護庁の技官などの立ち会いのもとにホンダCVCCエンジンのテストが実施された。

ミシガン州にある環境庁には、CVCCエンジンを搭載した3台の車両が運び込まれた。そのうち2台は1万5千マイル、もう一台は5万マイル耐久テスト完了車だった。8日間にわたる各種のテストの結果、1975年に実施されるマスキー法をクリアしたエンジンとして認定されたのだった。

このとき、アメリカの自動車メーカーはマスキー法のクリアは技術的に不可能であるとして、環境保護庁に延期を求めていただけに、ホンダのマスキー法の達成は、アメリカでも大きなニュースとして報道された。ちなみに、ホンダCVCCがマスキー法認証第一号で、これに続く第二号は、東洋工業(現マツダ)のロータリーエンジンであった。

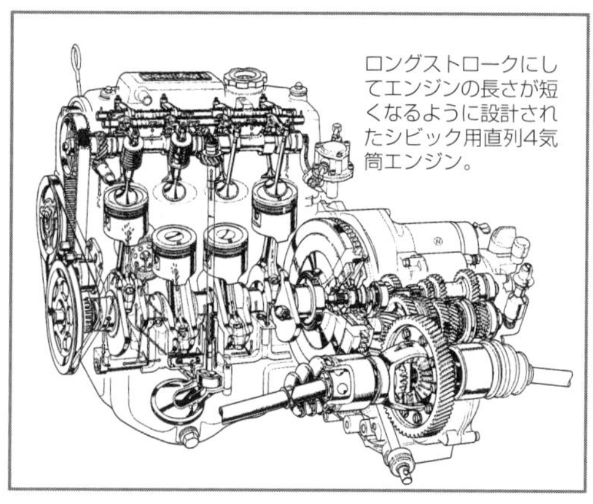

ロングストロークにしてエンジンの長さが短くなるように設計されたシビック用直列4気筒エンジン。

●その後の展開

世界で最初に厳しい排気規制をクリアしたメーカーとしてホンダのイメージは向上した。F1での活躍や二輪世界GP制覇など、国際的に活動していたこともあって知名度があるホンダは、シビックの市販と時期的に重なり、販売の追い風となった。

1973年のオイルショックにより燃費の良いクルマが求められる傾向が強くなったこともホンダに幸いした。ホンダ車は、アメリカで1974年から77年まで環境保護庁で燃費のもっとも良いクルマとして認定されている。ホンダシビックは日本からの輸出を大幅に伸ばすことができた。

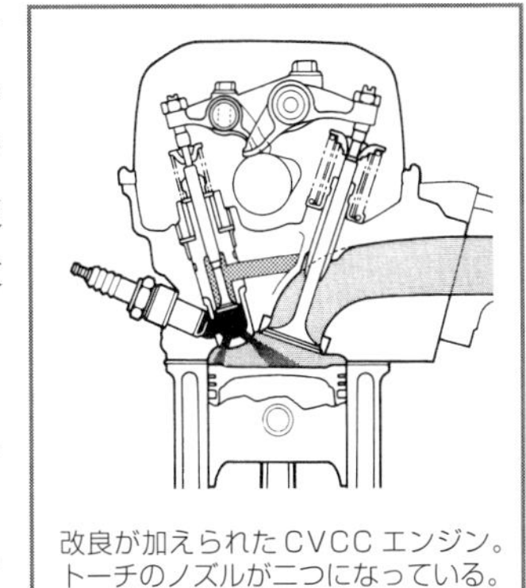
改良が加えられたCVCCエンジン。トーチのノズルが二つになっている。

熱心な技術開発がツキを呼んだところもあった。CVCCエンジンの成功が、その後のホンダの四輪メーカーとしての発展のきっかけになったのである。

1973年12月に1500ccCVCCエンジン搭載のシビックが発売された。前年のCVCCエンジンに改良が加えられたものだが、1975年の排気規制に対応しており、最高出力63ps/5500rpmを発生、圧縮比は7.7と低められている。1975年には吸排気系などの改良により最高出力を70馬力に上げている。

1976年にはシビックよりひとまわり大きいアコードをデビューさせたが、これにも1600ccにしたCVCCエンジンを搭載している。

1978年からは窒素酸化物の規制が厳しくなったが、これに対応するためにCVCCエンジンは副燃焼室のなかに隔壁を設け、トーチのノズルが二つあるかたちにするなど構造を変化させ、吸排気系のさらなる改良を加えている。

1980年代の前半まで、ホンダの四輪車のエンジンは副燃焼室を持つCVCCエンジンが中心だったが、1978年の規制にはトヨタや日産などは、エンジンそのものにも改良が加えられたが、触媒の採用で乗り切っている。ホンダのように、エンジン本体の改良だけで規制をクリアする方法ではなかった。触媒による後処理のほうが排気をクリーンにする効果が大きいことが分かってきたからだ。

白金などを使用する触媒はコストのかかるものだったが、改良と量産により触媒の価格が安くなるにつれて、小さい排気量のエンジンでも次第に触媒を装着するエンジンが多くなっていった。

ホンダCVCCエンジンは、当初は排気規制を世界で最初にクリアした画期的なエンジンとして脚光を浴びたが、次第にその限界を示した。エンジン本体だけで厳しくなる規制を乗り越えたうえで、性能向上を図るのは限界があり、ホンダも1980年代になってからは、要求が強くなった高性能エンジンをつくるには、CVCCと訣別せざるを得なくなるのである。

日産の2プラグ急速燃焼Z18型エンジン

日産でレーシングエンジンを開発した経験を持つ林義正氏にいわせると、神様のつくったエンジンはピストンが上死点に来た瞬間に着火して一瞬のあいだに混合気が燃焼するものである。混合気をもっとも圧縮した状態で点火すれば、その混合気が持っている膨張エネルギーを最大限に仕事に変えることができるわけで、燃焼時間はゼロになるのが理想だ。

しかし、実際のエンジンは燃焼するのに時間がかかるから点火するにはピストンが上死点に達する少し前になり、最大の膨張圧力はピストンの下降が始まってからになる。神様のエンジンに比較すると燃焼するのにかかった時間だけパワーロスが発生する。これがいわゆる時間損失である。

この時間損失をできるだけ少なくする必要があるが、排気規制に対応したエンジンの開発では、混合気の燃焼を速めようとしない傾向があった。COやHCを低減するためには完全燃焼させる方がいいが、NOxを減らすには燃焼温度の上昇を避けたい。そこで、混合気の燃焼をできるだけゆっくりさせて排気に含まれる有害物質を減少させる方がいいという考えであった。パワーを出すことよりも、排気対策を優先せざるを得ないという、追い込まれた状況での判断であった。

●急速燃焼エンジンにするのは逆転の発想

日産の、点火プラグを二つ持つZ18型エンジンは、排気対策の中から生まれたものである。それまでやってきた混合気の燃焼を遅らせるようにして排気の有害物質の減少を図るエンジンとは明らかに異なる発想に基づいていた。自然の摂理にかなった急速燃焼をさせることで、結果として排気規制をクリアできるエンジンにしたのである。そのための手段として、それまではひとつなのが当たり前だった点火プラグを二つにしたのである。

L18型エンジンのシリンダーヘッドを大幅に改良してつくられたZ18型エンジン。

初期の日産の排気対策では、ホンダCVCCと同じように希薄燃焼させるように

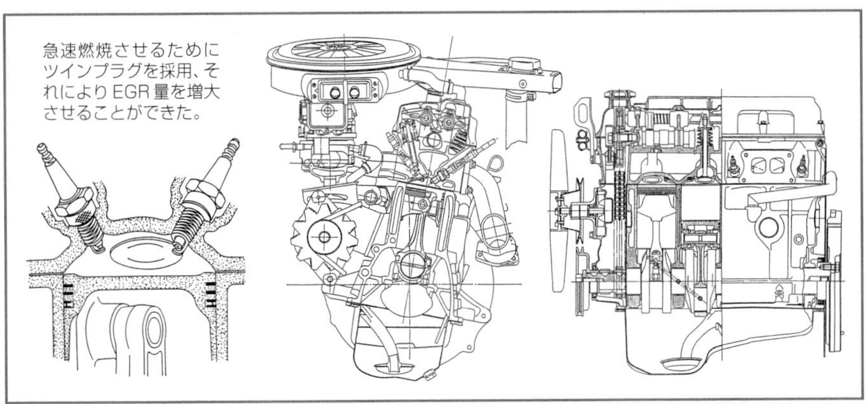

したNVCCエンジンとロータリーエンジンが本命として開発されていた。NVCCエンジンはゆっくりと燃焼させる志向のエンジンで、パワーダウンするうえに燃費も悪化していた。

1975年に実施される50年規制の直前に日産は、これらのエンジン開発を中止して新しい方式に切り替えることになった。酸化触媒とEGRを採用するエンジンを本命にしたからである。これがNAPSといわれた日産の排気対策エンジンとなった。酸化触媒でCOとHCを低減し、EGRによって燃焼温度を下げてNOxを減らそうとするものである。このときには、まだ三元触媒の使用を検討する段階ではなかった。

排気を戻して混合気とともに燃焼室に入れるEGR(排気還流または排気再循環装置)は、今日も有力な排気対策として実施されているが、この時代にあっては日産がもっとも熱心に取り組んだ。排気の一部を燃焼室に戻して混合気と一緒に燃焼させると燃焼温度が下がってNOxの排出量が減少する。しかし、EGR量を増やすと当然のことながら燃焼が悪化するので限度がある。当初はエンジンの使用状態に関係なく一定のEGR量にしていたが、それでは低負荷時には燃焼を安定させるために濃いめの混合気にしなくてはならず、燃費が悪化して排気も綺麗にならない。そこで、吸気管負圧と排気管圧力の差を利用して高負荷時にはEGR量を増やし、低負荷時には減らすシステムにした。

1975年の規制はこれで乗り切ることができたが、NOxの規制がさらに厳しくなる1978年規制を乗り越えるには、このままでは無理だった。

そこで登場したのがZ18型エンジンである。これはブルーバードなどに搭載されていた直列4気筒L18型エンジンのシリンダーヘッドを大幅に改造、ウエッジ型だった燃焼室を半球型にしてツインプラグにした。2本のプラグで着火することにより燃焼時間が短縮されて、混合気燃焼そのものも安定する。そのために従来は15%程度だった

EGR量を30％まで増やすことができたので、NOxの削減に効果があった。Z18型エンジンはNAPS-Zとして、EGRと酸化触媒の装着で1978年の規制をクリアしている。

ツインプラグにより燃焼時間を短くするのは効率を良くすることでもあるから、出力向上や燃費の低減効果もある。このときには、その効率の良さを排気対策に振り向けたのである。燃焼が安定することで点火後の圧力のバラツキも均一化されて、アイドリング時の振動が少なくなり、ノッキングの発生も抑えられるなどの効果もあった。

●その後の展開

急速燃焼するためにツインプラグにすることは大いに効果的だったが、これはOHCエンジン、2バルブなどでなくては成立させることがむずかしい。その後のエンジンの進化が、DOHC4バルブになってきたのは燃焼室形状を良くすることができるうえに、吸排気効率が高められたからである。4バルブになると燃焼室中央にプラグがあるので、燃焼の促進には好都合である。逆にいえば、4バルブにすると2本の点火プラグを配置する余地がなくなる。

排気対策時代の日産エンジンは、日本を代表するメーカーとしてはエンジンの種類を少なくしている。サニーやチェリー用のA型エンジン、それに直列4気筒と6気筒のL型シリーズ、プレジデント用の少量生産のV型8気筒エンジンだけである。プリンス系の1500cc直列4気筒G型や高性能エンジンとして知られたDOHC4バルブの2000ccS20型エンジンなどは、排気対策のためという理由で姿を消している。

また、L20及びL28型という直列6気筒エンジンとV8のY44型エンジンの場合は、1978年の規制では三元触媒を使用している。

1979年のセドリックとグロリアのモデルチェンジの際に2800ccのL28型エンジンには集中制御装置ECCSが装備されている。エンジンの総合的な電子制御システムが日本で初めて採用されたのである。燃料噴射量、点火時期、EGR量、アイドル回転数などが制御されている。これにより、エンジン技術は新しい段階に入ったわけだが、日産が先導したものの、他のメーカーもあまり遅れずに採用し、1980年代になると激しい技術競争が展開されることになる。

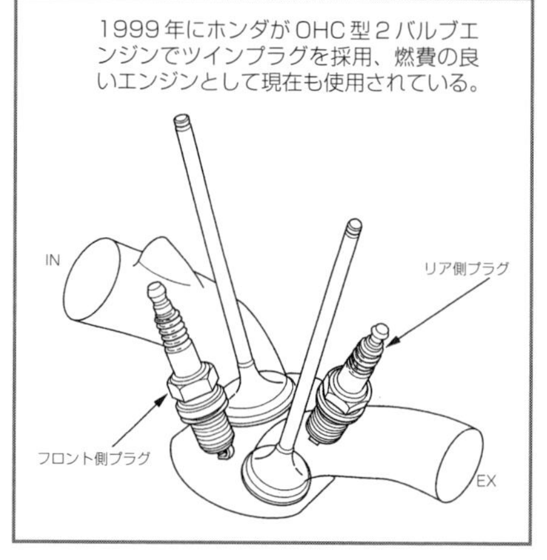

1999年にホンダがOHC型2バルブエンジンでツインプラグを採用、燃費の良いエンジンとして現在も使用されている。

第9章

新しい価値観を追求した1980・90年代のエンジン群

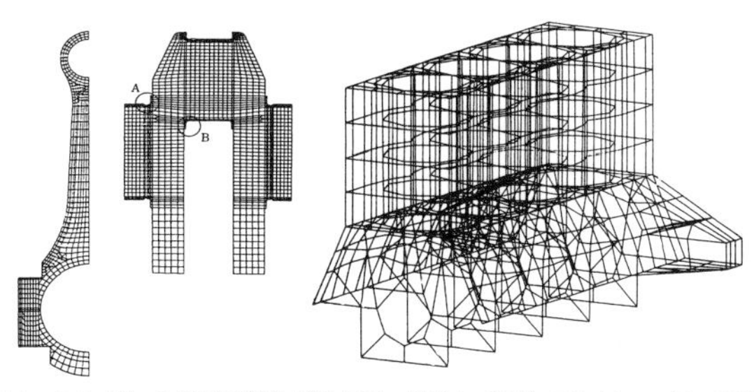

1980年代以降になると、エンジンの電子制御化が進むが、設計などでもコンピューターを利用できるようになり、エンジン各部の強度や剛性などが解析されて贅肉のとれたものになり、軽量化に大きく貢献する。

1980年代になっても、日本の自動車メーカーは成長を続けた。国内販売が頭打ちになったときは輸出を伸ばし、生産台数はずっと右肩上がりを保った。オイルショックによる一時的な停滞以外は伸び続けることで、クルマは豪華に大きくなり装備が充実するばかりだった。

エンジンも、排気規制をクリアするために出力性能などでガマンせざるを得なかった1970年代が終わり、排気対策の目処が立つと高性能エンジンが求められるようになった。電子制御技術がさらに進んで知能化されることで、エンジンは精密に制御することができるようになった。それに支えられて、ターボチャージャーによる出力向上やDOHC4バルブ化などにより、実用性を兼ね備えた高性能が実現する道が開かれた。燃費の良いエンジンの開発も進み、排気規制とも両立するようになった。

排気対策に向けられた技術者たちのエネルギーが、次の大きな課題であるエンジンの効率向上に向けられたのである。排気対策のために多くの技術者たちを動員したが、各メーカーはその後も成長を続けることで、彼らを次の目標のために積極的に働かせた。体力のあるメーカーは、さらに増員を図り、設備投資を増やし、ライバルたちに負けないように努力した。

エンジンに電子制御技術が導入され始めたときには、ICなどは熱と振動に弱いもので、自動車に搭載されてトラブルもなく働くことが不思議に思えたものだが、いつの間にか信頼性のあるのが当たり前になっていた。

エンジン効率の向上を図ることは、燃費を良くするとともに性能も良くすることである。熱効率を向上させることは、燃料の持っているエネルギーを最大限に引き出すことである。そのための技術追求では、到達点はないようなもので、ひとつの課題をクリアすれば、次に立ちはだかる壁を突破するために努力しなくてはならなくなる。ライバルたちが努力して、これまでより良いものをつくれば、それに負けないものにしなくては競争力がなくなってしまう。

そうした競争では、ひとつひとつ真面目に積み上げていく日本の自動車メーカーは力量を発揮できる環境にあった。現在、トヨタ、次いでホンダが躍進したのは組織的に技術力を向上させたからである。

1980年代に入ると、排気規制でガマンさせられた出力性能を向上させる手段としてターボチャージャーが装着され、それがブームの感を呈した。日産が始めたものだが、ユーザーが支持したことで、どのメーカーも追随せざるを得なかった。しかし、エンジン効率の向上に果たした貢献度でいえば、それほどのものではなかった。むしろ、1980年代半ばにトヨタが実用エンジンまでDOHC4バルブにしたことのほうが、影響ははるかに大きかった。エンジンの先進技術を先取りして、効率を追求するとDOHC4バルブにする意味があったからだ。

あるべきエンジン技術の正しい方向であれば、それが主流になる。どのメーカーもあわてて追随せざるを得なかったのだが、SOHC2バルブや3バルブエンジンを開発中だったメーカーも、急遽DOHC4バルブの開発に切り替えなくてはならないほどだった。これで、全体的でないにしても、日本の自動車用エンジン技術は世界でいちばんになったといって良い。

1980年代になってからの大きな変化は、FF方式車が増えたことで、軽量コンパクトなエンジンの開発が進んだからだ。フロントにパワートレインが集中することになるから、エンジンを軽量コンパクトにする要求が強くなったのだ。1973年と78年のオイルショックにより、アメリカでも燃費規制が実施されるようになり、車両サイズを小さくする必要に迫られたことの影響でもある。もともと石油を輸入に頼る日本では燃費の良い小型車が中心だったものの、さらに燃費を良くすることが求められる状況になった。燃費の良いことは、信頼性の高さとともに、日本車が評価される理由となるから、それをさらに伸ばすことが重要になった。

エンジンの技術の方向は1本の道ではない。同じような目的に向かっていても、その道筋は多様である。その場合に、同じ性能を達成するものであれば、機構が簡単でコストがかからず信頼性で優れたものに収斂していく。そこにいくまでは、どの道が正しいかはなかなか読み切ることはできない。もともとエンジンの進化の道程は、試行錯誤の連続なのだ。

レジェンド用プッシュロッド付きSOHC4バルブV6エンジン

日本では、4気筒と6気筒エンジンは、いずれも直列方式ばかりだったが、1983年に日産がセドリック/グロリア用に初めてV型6気筒エンジンを実用化した。日産では、直列6気筒と同じようにFR用として使用し、エンジン寸法が短くなることよりも、新しい高級エンジンとしてアピールした。1980年代になると、小型大衆車クラスからFF化されていったから、FR車は上級車クラスの価格の高いクルマが中心となり、日産のV型6気筒エンジンは新鮮な機構としてユーザーに歓迎された。

こうした中にあって、ホンダは1985年に最高級車としてレジェンドを新しくデビューさせるが、他のメーカーとは異なって、シビックから始まるホンダの乗用車路線は、すべてFF車である。エンジンは直列4気筒しかなく、直列6気筒エンジンは持っていなかったのだ。アコードの開発の当初には直列6気筒エンジンを縦置きにしたFF方式の採用も検討されたことがあったようだが、結局、アコードにはシビック用直列4気筒エンジンのストロークを伸ばして排気量を大きくしたエンジンが搭載された。むろん、エンジンは横置きに搭載されている。

ホンダのフラッグシップカーとなるレジェンドの開発に際しては新しいエンジンが必要だった。そこで、FF車に搭載可能なV型6気筒エンジンが開発されることになった。日本でのV型6気筒エンジンとしては日産に次ぐものであるが、FF車用としては最初であった。

●SOHC4バルブというホンダの選択

高性能エンジンで知られたホンダは、シビックの登場以来は実用性に徹したエンジンが中心となっていた。1980年代に入っても、燃焼室のコンパクト化が図られたものの、CVCCエンジンの延長線上にあるエンジンが主力で、わずかにシティターボが過給圧を上げた高出力エンジンであった。

ホンダの最高級車種として登場したレジェンド。

ホンダの新世代エンジンは1984年10月にシビックに採用されたDOHC4バルブの

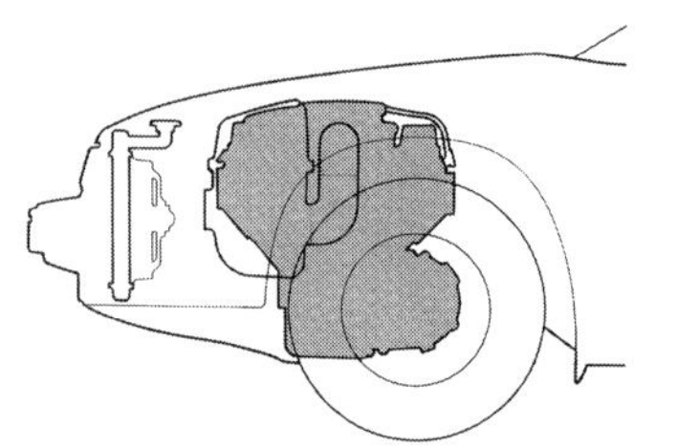
エンジンがフロント部にコンパクトに納まることが車両のバランスを良くすることであり、そのために考えられた機構になっている。

ZC型1600ccからである。次いでアコードに搭載されるBA18及び20型の1800ccと2000ccのDOHC4バルブエンジンが登場する。これらにより、ホンダはCVCC方式のエンジンと訣別する。高性能を追求しているが、いずれもロングストロークエンジンで、出力性能だけでなく燃費を良くすることも配慮されている。

ホンダが打ち出したのはMM思想といわれるマンマキシマ・マシンミニマムというもので、クルマのあり方として機械部分をできるだけコンパクトにして人間の居住空間を最大限にするというコンセプトであった。性能を発揮するにしても、エンジンは軽量コンパクトにしなくてはならないという開発思想である。そのために、DOHCにしてもロングストロークにしているのだ。

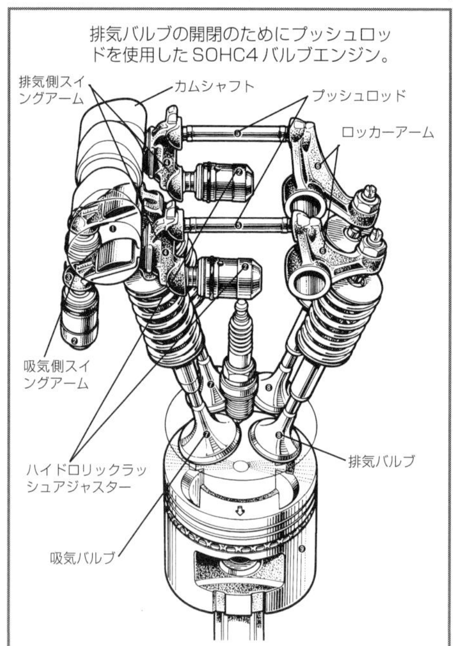

排気バルブの開閉のためにプッシュロッドを使用したSOHC4バルブエンジン。

レジェンド用のV型6気筒エンジンの開発でも、同様にエンジンをいかにコンパクトにするかが追求された。その結果が、カムシャフトが各バンクに1本ずつにしながら4バルブにする機構となった。カムシャフトは吸気バルブ側に配置されており、吸気バルブの開閉はスイングアームによる。反対側にある排気バルブとカムシャフトとの距離は遠くなるので、プッシュロッドを介してロッカーアームで開閉する機構になっている。スイングアームやプッシュロッドなど部品点数が多くなり、これならDOHCにしたほうが機構的にシンプルになると思えるが、カムシャフト1本にこだわり、シリンダーヘッド部分を少しでもコンパクトにしようとする狙いがあった。

4バルブにしてペントルーフ型燃焼室にすることは、効率の良いエンジンの必須アイテムになった。燃焼室内のガスの流れがスムーズなクロスフロー方式になり、ボア径が同じであればバルブ面積を大きくすることができ、センタープラグにすることで燃焼速度を速めることができる。2バルブや3バルブエンジンを採用していたホンダは、DOHC化したZCエンジン以来、4バルブエンジンのもつ利点を生かすべく、フィット用のPSIエンジンを除いてすべて4バルブを採用している。ただし、DOHCエンジンであっても、他の多くのメーカーは直動式を採用したのに対して、ホンダは、ロッカーアームやスイングアームを介してバルブを開閉する機構を採用している。

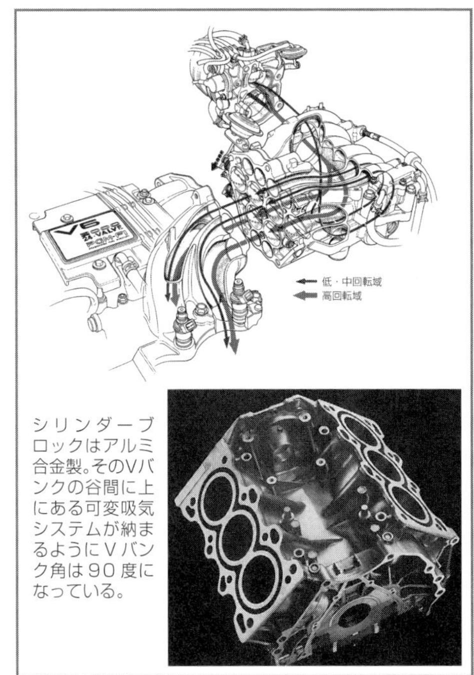

シリンダーブロックはアルミ合金製。そのVバンクの谷間に上にある可変吸気システムが納まるようにVバンク角は90度になっている。

このV型6気筒ではバンク角が90度となっているのは、その谷間に吸気系などのシステムを入れることでエンジン全体をコンパクトにするためである。特殊なSOHC方式を採用することでシリンダーヘッドの幅を狭くしたこととも関連している。エンジンは車両に奉仕するものという思想で、高性能にするためにエンジンが大きな顔をしないことが前提になっている。

コンパクトにしながらエンジンの性能を確保するのが、本当の技術力であるというのがシビック以来のホンダの基本コンセプトであり、このエンジンもそれを実現させたものとして登場したのである。

●開発の経緯とその後

FF車用としてエンジンは横置きである。V型6気筒の場合は、バンク角は60度か120度にしたほうがバランスが良い。しかし、敢えて90度にしたのは60度ではエンジンが高くなり、ボンネット位置を低くできず、また120度にしたのではエンジン幅が大きくなり、室内空間を圧迫してしまうからだ。そこで、中間の90度としたわけだが、90

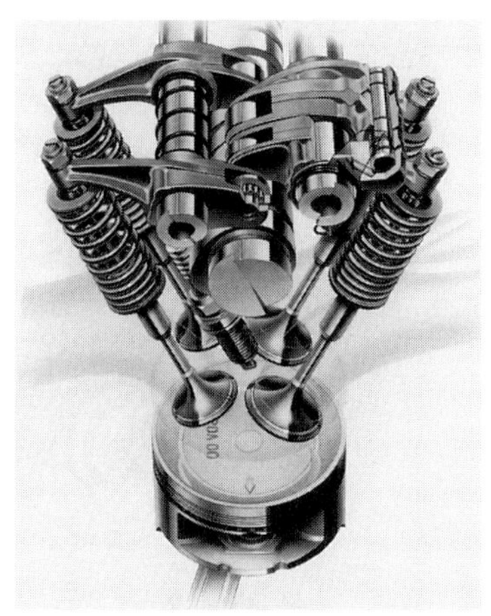
その後もホンダはSOHC4バルブエンジンを開発しているが、カムシャフトは中央に配置されたものになっている。

度はV型8気筒にするとバランスが良く、将来的にはV型8気筒エンジンの開発も視野に入れていたことも理由のひとつであろう。

バンク角を90度にしたことで等間隔燃焼ができなくなるが、それを補うためにクランクシャフトのクランクピンを30度オフセットさせて、各気筒の燃焼間隔を120度位相の等間隔にしている。

エンジンは2000ccのC20A型と2500ccのC25A型とある。C20A型はボア82mm・ストローク63mm、1996cc、C25A型はボア84mm・ストローク75mm、2493ccである。事実上はDOHCと同等の機構をもつエンジンで、バンクの谷間に複雑な制御機構をもつ吸気管を配置している。

吸気系の制御は、3500rpmを境にして中低速域では吸気慣性効果を期待できるように吸気管を長くし、高速域では吸気抵抗を小さくできるよう吸気管を太く短くするように制御している。シリンダーヘッド及びシリンダーブロックはアルミ合金製であり、これはホンダの特徴ともなっている。

ホンダはDOHC4バルブエンジンと併行して、その後もSOHC4バルブエンジンを使用している。4バルブにすれば同じ性能になるからであるが、ホンダ内部にも4バルブにするならDOHCにした方がいいという意見もあったようだ。シリンダーヘッドをコンパクトにできるというメリットはあるものの、コストでいえばSOHCにしても低減できるほどではない。

しかし、トヨタのツインカム路線に追随する姿勢に見えることを避けたいという思惑もSOHC4バルブエンジンが登場した背景にはあったようだ。その後のSOHCエンジンではカムシャフトがシリンダーヘッドの中央に配置され吸排気バルブとほぼ等間隔になり、それぞれロッカーアームで開閉するすっきりした機構になっており、プッシュロッドを用いたSOHC4バルブはこのエンジンだけである。

このエンジンはその後も改良が続けられた。1987年にC25A型のボアを3mm拡大した2675ccのC27A型となり、複合可変吸気システムを採用、吸気制御バルブを3段階に制御してなめらかなトルク特性にしている。1988年にはC20A型にターボが装着された。低速と高速でターボの効き方を変化させるウイングターボと呼ばれる可変ターボである。水冷インタークーラー付き、190馬力を達成している。

三菱の1600ccという小排気量V型6気筒エンジン

日産、ホンダに次いでV型6気筒エンジンを発表したのは三菱で、最初は1986年7月にデボネアやギャランシグマに搭載された2000ccの6G71型と3000ccの6G72型である。日産同様にFR車用として開発されている。

Vバンクは60度、SOHC2バルブ式であったが、その後、6G71型にルーツタイプのスーパーチャージャーが装着された。クランクシャフトの駆動によるパワーロスを低減するために低回転時に必要に応じて電磁クラッチでオフにし、高回転ではバイパスバルブを制御するシステムを採用している。さらに、1988年には3000cc6G72型がDOHC4バルブ化され、200馬力を発揮する。

これらとは別に、新しいV型6気筒シリーズとして1600ccという小排気量エンジンの6A10型が1991年に発表されている。ミラージュ/ランサーというFF車用として開発されたものである。

●最小のV型6気筒エンジンの誕生

自動車用ガソリンエンジンは1気筒が300～600ccが適当な範囲とされている。ボアが大きくなると燃焼にかかる時間が長くなり、振動も大きくなりがちである。直列4気筒エンジンは2000ccあたりまでが普通で、2000ccを超えたエンジンにはバランスシャフトが装着されているが、せいぜい2400cc以下である。それ以上になると、V型6気筒になるのが普通だ。

したがって、三菱の1600ccのV型6気筒というのは珍しい選択である。この場合は、V6エンジンにする必然性があるというより、他のメーカーがやらない高級感をアピー

ミラージュ／ランサーのモデルチェンジの際に登場した最小のＶ型６気筒エンジンは、直列４気筒エンジンとともに、特定の車種に搭載された。

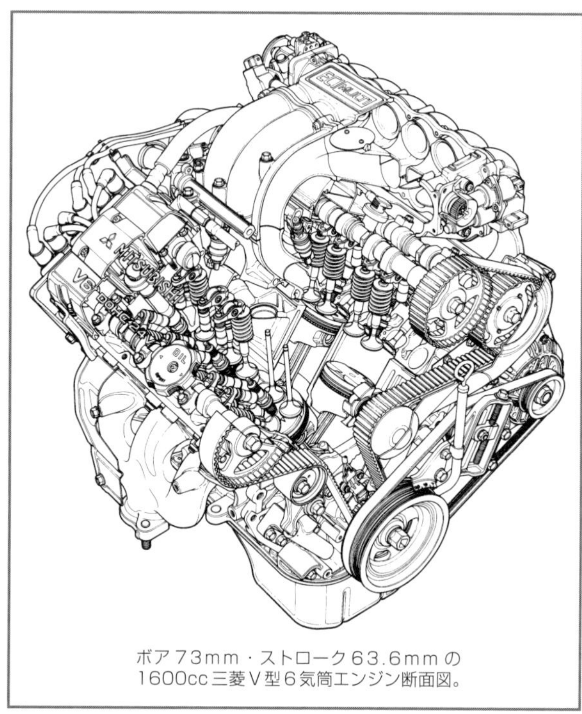
ボア73mm・ストローク63.6mmの1600cc三菱V型6気筒エンジン断面図。

ルするのが目的である。ボア73mm・ストローク63.6mmとシリンダーは小さくなるかわりに部品点数は多く、当然重量は嵩む。1本のタイミングベルトで4本のカムギアを駆動、三菱の開発した電子制御可変吸気システムのMIVICを採用、多気筒化による高回転により最高出力は140ps/7000rpm、最大トルク15.0kg-m/4500rpmと自然吸気エンジンとしては高性能である。

ミラージュ/ランサーには、これ以外に直列4気筒エンジンも搭載されている。こちらが主力となるもので、ボア・ストロークが81mm×77.5mmの1597ccでV型6気筒と同じ排気量である。最高出力は145ps/7000rpm、最大トルク15.2kg-m/5500rpmとなって、V型6気筒に遜色のない性能値である。どちらもDOHC4バルブを採用、スポーティさを強調しているランサーGSRには直列4気筒1600ccエンジンにインタークーラー付きターボを装着して190馬力としている。

V6エンジンは、使い良さに重点をおいて、ランサーとミラージュ4ドアのみに搭載されて、グレードで差別化を図っている。このときのミラージュ/ランサーには1800ccのディーゼルエンジンを含めてSOHC1300ccと1500cc、DOHC1500ccではキャブレター仕様と燃料噴射装置付きと異なる電子制御になるなど、エンジンで8種類になっている。装備を含めてグレードを細分化しており、その高級仕様にV型6気筒を特別なエンジンとして搭載したのだ。

●その後の展開

翌1992年にはギャラン/エテルナに搭載するために排気量アップが図られた。ボア・ストロークを拡大して1800ccの6A11型と2000cc6A12型となり、1800ccはSOHC4バル

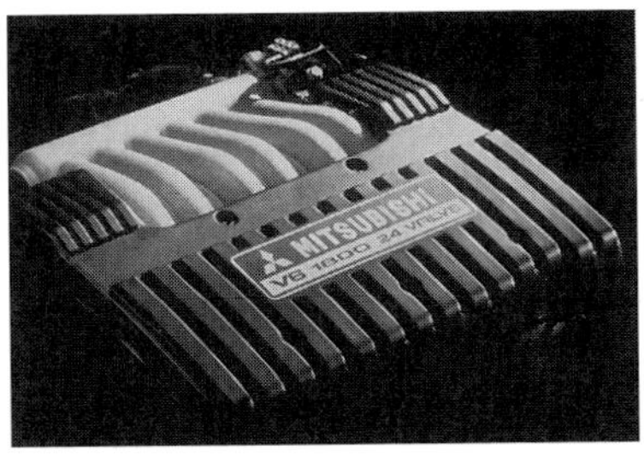

デビュー翌年には排気量が1800ccになって、ギャラン/エテルナに搭載されている。

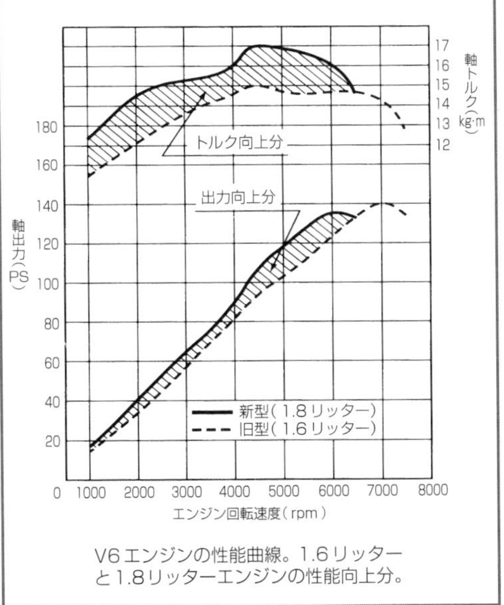

V6エンジンの性能曲線。1.6リッターと1.8リッターエンジンの性能向上分。

ブ、2000ccはSOHCとDOHCがあり、どちらも4バルブ、DOHCにはターボ仕様もある。

その後、三菱のV6エンジンは改良が加えられたが、6Aシリーズは2000ccが中心となって、しばらく使用され、それより小さい排気量のV型エンジンは姿を消していった。小排気量では、V6による高級イメージの付与という戦略は成功しなかったのだ。

次に三菱が打ち出すのが、1996年のガソリンエンジンによるシリンダー内直接燃料噴射式エンジンである。

トヨタのレビン/トレノ用直列4気筒5バルブエンジン

1986年夏に、トヨタはハイメカツインカム路線に踏み切り、乗用車用エンジンはすべてDOHC4バルブにした。それまではDOHCというのはスポーティ用エンジンであると思われていたから、トヨタのツインカム路線は、他のメーカーに大きな衝撃を与えた。このときのトヨタの路線選択は、その後のエンジン技術に大きな影響を与えた。

トヨタのツインカムは、実用エンジンのためのハイメカツインカムとスポーツ要素のあるスポーティツインカムと二つに性格を分けていた。スポーティツインカムはバルブの挟み角を大きくして吸排気効率を高めて性能向上を優先し、ハイメカツインカムではバルブ挟み角を小さくして燃費性能と使い良さを優先するという使い分けだった。

ベースとなるエンジンは同じで、シリンダーヘッドなど一部を変更することで、ハイメカとスポーティとをつくるものだった。部品の多くを共用できるためにコスト的に考えられた内容になっていた。

1980年代は、排気規制によってパワー向上が見られなかった1970年代のエンジンから、次々と新しいエンジンに切り替わっていった時代で、エンジンに対する関心が強い傾向があった。そんななかでのトヨタのツインカム路線は、いかにも洗練されたエンジンという印象で、トヨタ車のイメージアップに大いに貢献した。

このときに、ハイメカツインカムは3S-FEというようにエンジン形式の後半にFEが付き、スポーティツインカムは3S-GEとなり、GEが付いて区別された。

1991年6月に3代目となるFF方式のカローラのモデルチェンジの際に登場した4A-GE型エンジンの5バルブは、スポーティツインカムの延長線上にあるエンジンである。レビン／トレノというトヨタの小型スポーツタイプ車用エンジンとして使用されてき

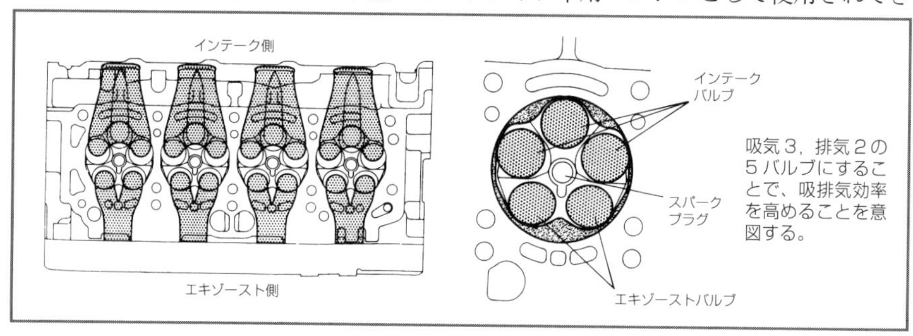

た4A型エンジンのシリンダーヘッドを大幅改良、吸気バルブを2本から3本にすることで吸入効率の向上が図られたものだ。

スポーツ性を強調するカローラレビンには5バルブエンジンが搭載された。

●その開発の経緯

5バルブエンジンは、日本ではヤマハがレース用エンジンとして開発したのが最初で、三菱の軽自動車用エンジンに採用例がある程度の珍しい機構である。ベースとなった4A型エンジンは、1980年代のトヨタの軽量コンパクトなエンジンとして開発され、レビン/トレノがFRのまま据え置かれた1983年からはスポーツ性の高いエンジンとしてマニアに注目されたものだ。

しかし、次のモデルチェンジでFF方式となり、DOHC4バルブにしたことで、ベースを変えずに性能向上を図ることがむずかしくなってきた。そこで、5バルブが登場することになったのである。他のメーカーもDOHC4バルブエンジンを採用するようになり、次の目立つエンジンの高性能機構はなにか模索が始まっていた時期のことである。新しい性能向上策のひとつとして4バルブの次は5バルブであるというわけだ。

5バルブにすると吸入効率は向上するが、角度の異なる3本の吸気バルブを1本のカムで開閉するのは複雑になる。そのうえ、三つの吸気ポートに均一に混合気を分配する難しさもある。それでも、5バルブにするか、4バルブにして他の向上策を追求するか、意見は二つに分かれた。

5バルブエンジンのボア81mm・ストローク77mmはベースエンジンと変わらないが、4連スロットルを採用、吸気側だけの2段切り替えの可変バルブタイミングVVTを採用、出力は20馬力上がって160ps/7400rpmとなり、最大トルク16.5kg-m/5200rpmだった。エンジン回転も200rpm上がっているが、こうした性能は必ずしも5バルブにしたから達成できたものばかりではないはずだ。

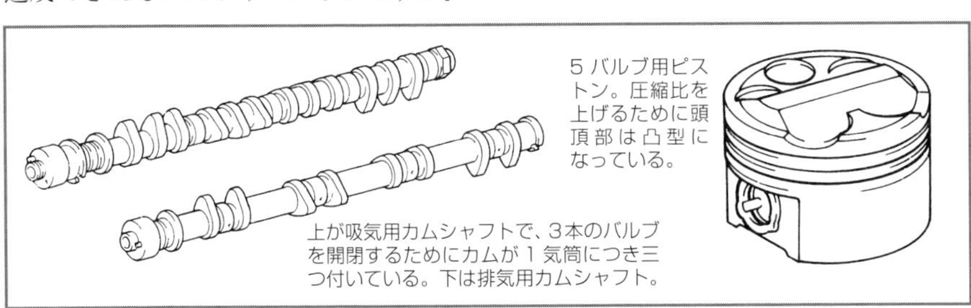
上が吸気用カムシャフトで、3本のバルブを開閉するためにカムが1気筒につき三つ付いている。下は排気用カムシャフト。

5バルブ用ピストン。圧縮比を上げるために頭頂部は凸型になっている。

しかし、5バルブにすることで吸入空気量は数%増大し、4バルブに比較してバルブひとつの重量が減ることでバルブの追従性が向上し、高回転化が容易になり、馬力損失も低減する。さらに、吸気バルブが直立に近い配置になるので吸気ポートが立てられて吸入空気の流れが良くなるという効果もあった。

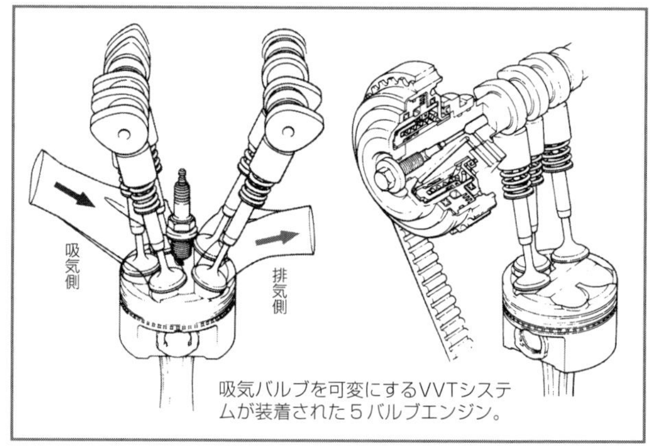

吸気バルブを可変にするVVTシステムが装着された5バルブエンジン。

●その後の展開

4年後のモデルチェンジに際しては、改良が加えられて圧縮比11、最高出力165ps/7800rpmになっている。しかし、その後2000年のカローラのモデルチェンジにより、新エンジンにすべて切り替わり、5バルブエンジンも役目を終え退いている。5バルブにすることよりも4バルブで、他のシステムを採用することのほうが得策と判断したことによる。

このときにカローラシリーズのスポーツ性を代表していたレビン/トレノが姿を消したのは、スポーツ性よりもRV要素を持つクルマのほうが求められていたためだ。スポーティにしてイメージアップを図る時代は、すでに終わったとトヨタが判断したということができる。

21世紀に入ってから、トヨタのなかで、スープラをはじめとしてセリカやMR-Sといったスポーティカーが次々と姿を消していく。エンジンに関しても、スポーティツインカムとハイメカツインカムという区別をする時代が過去のものになったということでもあろう。

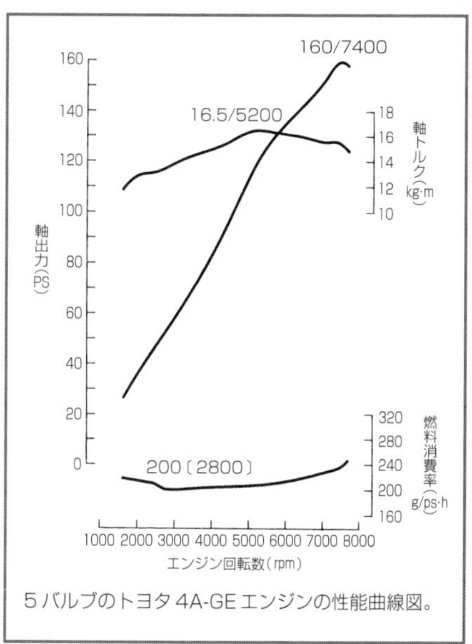

5バルブのトヨタ4A-GEエンジンの性能曲線図。

パワフルな3ローター・ロータリーエンジンの登場

バンケル型のロータリーエンジンは、マツダの専売特許といえるものだ。燃焼室が平べったい形状になり、ガスシールや潤滑のむずかしさなどで批判的な意見があるものの、それらを克服して実用化に成功し、継続して車両に搭載されているのは大いに評価できることだ。4サイクルガソリンエンジンのなかで、レシプロでない機構のエンジンとして異彩を放っている。軽量コンパクトさを生かし、性能パフォーマンスに優れているのでスポーティなクルマに搭載されている。

●マルチローター化への挑戦

ロータリーエンジンは、1967年に登場して以来、マツダ一社だけの開発であり、新しい試みをするのも限度があり、技術的な進化という点ではハンディキャップを背負ったエンジンである。

マツダ・ロータリーエンジンのなかで唯一3ローターにして市販されたエンジンがある。ロータリーエンジンの最高峰となったエンジンで、技術の粋を結集したものであるが、ロータリーエンジンの進化の方向としては主流に位置するものではない。それゆえにユニークな開発である。

ロータリーエンジンでは、おむすび型をしたローターの大きさが一定でないと、長いあいだ蓄積したデータやノウハウを生かせず、生産設備も同じものが使えない。このため、ロータリーエンジンは当初の10A、12A、そして13Bの三種類は、ローターの形状は同じで、その厚みを変えることで排気量を大きくしていた。いずれも2ローターエンジンで、最終的には80mm幅の13B型に集約された。さらなる排気量アップをするには、ローターの厚みを大きくすることで対応するには限度があった。

1990年4月に登場したユーノスコスモではじめて3ローターが実用化、同時にシーケンシャル・ツインターボを装着して、

新販売チャンネルのユーノス店のフラッグシップカーとしてロータリーエンジン専用車となってデビューしたマツダ･コスモ。

654cc3ローターの20B-REWロータリーエンジンが誕生した。これは280ps/6000rpmという日本車のひとつの極限性能に達している。

●開発の背景

1989年からマツダは販売チャンネルを増やして「ユーノス」や「アンフィニ」といった販売店を展開していた。1990年に9年振りにモデルチェンジされたコスモは、ユーノス店のフラッグシップカーとして開発されたもので、それまでのロータリーエンジンを超えるインパクトのあるエンジンにすることが目標になり、3ローターが採用されたのである。

旧来のコスモにはレシプロエンジンも搭載されていたが、新しいコスモはサバンナRX-7同様にロータリーエンジン専用車とする企画だった。したがって、車名だけを踏襲した新しいコンセプトのモデルといえる。上級スペシャリティとして、動力性能はいうに及ばず、スタイルから乗り心地や操縦安定性など、すべての面にわたって高いレベルに仕上げることが目標だった。

ロータリーエンジンはその構造上、直列で3ローターにするためにはエキセントリックシャフトを継ぎ手による接合式とするか、あるいはローターの固定ギアの一つを分割組立式にする必要がある。

初期のマルチローターは、接合面に歯形を刻んだ2本のシャフトを貫通テンションボルトで締め付け一体化するカービックカップリング式だった。しかし、量産を想定した場合、シャフト剛性および複雑な構造に問題を残していた。

3ローターの20B-REWエンジン。シーケンシャルツインターボを装着して280馬力を発生する。

マツダのロータリーエンジン・マルチ化への研究成果として、1985年フランクフルト国際モーターショーに展示されたコンセプトカーMX-03に搭載された3ローター・アドバンスエンジンには新方式のテーパー継ぎ手によるエキセントリックシャフトが備えられていた。1/5のテーパー率のカップリングは接合面積が大きく、伝達トルクキャパシティが高く、かつ精度に優れている特徴がある。3ローターエンジンの信頼耐久性を実証する場としてル・マン24時間レースに挑み、その技術的成果をもとに実用化されたものである。

高回転、大トルクを発生する三つのローターの周辺主要部品は、高精度を要求される。エキセントリックシャフトは、第2、第3ローターを支持するメインシャフトに第1ローター支持のフロントシャフトを鞘のようにはめ合わせた構造になっている。この2本のシャフトは、1度組み立ててから加工仕上げし、さらに独自の工夫による最終接合方法により、芯ぶれがわずか5ミクロンという超高精度シャフトになっている。

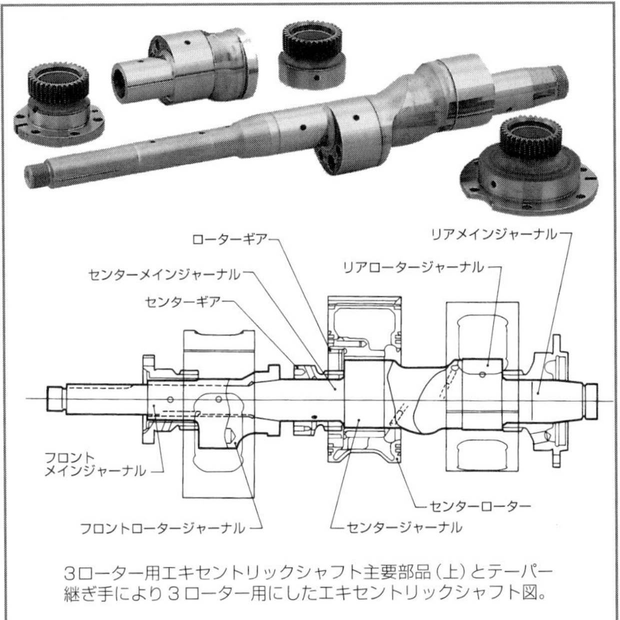

3ローター用エキセントリックシャフト主要部品（上）とテーパー継ぎ手により３ローター用にしたエキセントリックシャフト図。

エキセントリックシャフトは、3個のメインベアリングにより支持され、ベアリングのメタルクリアランスの許容範囲は、従来エンジンの1/3に抑えられている。各ローターを内蔵するハウジングをサンドイッチのように積み重ねていくロータリーエンジンの構造では、軸受けセンター精度が非常に重要だが、これも入念な精密治具を使って、ベテラン作業員たちの手により、10ミクロン以内になるよう加工されている。

20B-REWエンジンのローター、ローターハウジング、サイドハウジング、エキセントリックシャフトなどの主要構成部品。

ノズルが燃料を超微粒子化するインジェクターにより、混合気の燃焼促進が図られた。

ローター回転位相を決める固定ギアも、3ローターの大トルクに対応するために材質をクロームモリブデナムバナジューム鋼とし、イオン窒化熱処理を施し、かつ熱処理後に研磨仕上げしている。ローター歯車は、歯の剛性の最も高い部分で当たるように30ミクロンのリード角度を与え、静粛性を向上させている。

1ローターあたり2本の燃料噴射インジェクターとして、負荷に応じて1本から2本噴射に切り替える方式を採用しているが、特別に開発した燃料粒子を空気により細断するエアミクスチュア・インジェクターが採用されて、燃料の超微粒化を可能にしている。ロータリーエンジンの泣きどころである燃焼の良くない領域をカバーする手段である。

そのほかにも、始動性の向上や3ローターエンジンの潤滑および冷却要求を満たすため、高効率オイルポンプ、大型オイルクーラーを採用するなど周到な配慮がなされている。さらに、出力、レスポンス、燃費、排気浄化性能を高いレベルでバランス制御するため、2個の8ビット1チップ・マイクロプロセッサーによる並列高速制御を採用し、2個のCPUは燃料噴射、点火時期に加え、シーケンシャル・ツインターボの切り替え、可変吸気システムなどの制御を集中的に行っている。

●その後の展開

このクルマの企画が立てられた1980年代の後半は好景気に沸いていて、高級志向、贅沢であることが求められるムードがあり、それにそった開発コンセプトであった。

ユーノスコスモの3ローターのロータリーエンジン付きのシャシー。サスペンションやブレーキなどはいずれも高度な技術を駆使して構成されている。

3ローターエンジンは、ターボ装着により最高出力は280馬力になっている。実際には、自主規制していなければ、イタリアのスーパーカー並みの数値になったに違いない。

ボディタイプは2ドアハードトップのみの設

定で、全長は4815mm、全幅は1795mm、ホイールベースは2750mmの3ナンバーサイズ、全高は1305mmと低く抑えられている。トランスミッションはすべて電子制御された4速ATとなっている。

3ローター·ロータリーエンジンの生産ライン。
ベテラン作業員によって綿密に組み立てられる。

パワフルなロータリーエンジンに対応して、シャシー性能でも、マツダのフラッグシップカーにふさわしく充実している。サスペンションは、フロントがダブルウィッシュボーンタイプ、リアがマルチリンクタイプで、ラバーブッシュにも特別な配慮が施されたものになっている。ブレーキは四輪ベンチレーテッドディスク仕様で電子制御によるABS付である。

車両価格は最高級のタイプEの3ローター20B-REWが465万円、同タイプSが420万円で、2ローター13B-REWのタイプEが370万円であった。

残念ながら、1991年からのバブル崩壊現象が、この手の贅沢なクルマの売れ行きに大きな影響を与え、販売はごくわずかな台数に過ぎず、1995年7月に生産が中止されている。スポーツカーに徹したRX-7が、その後も一定のユーザーを獲得していったのとは対照的にユーザーの要求に応えたクルマであるとはいえず、3ローターのロータリーエンジン搭載車は、あだ花に終わってしまったのである。

その後、唯一のロータリーエンジン搭載車のRX-7も、2003年には厳しくなる排気規制をクリアできる見通しが立たずに生産中止に追い込まれた。しかし、懸案だった排気ポートをペリフェラル方式からサイドポート方式にする改良などで、ロータリーエンジンは再びよみがえることができた。しかも、ターボを装着せずに13B型と同じ排気量の2ローターで、255馬力を達成、4人乗りのファミリースポーティカーであるマツダRX-8に搭載された。さらに、将来的な可能性を求めて、水素を燃料として走るロータリーエンジンの開発も進められた。

搭載性を優先したエスティマ用直列4気筒エンジン

1990年5月にデビューした初代エスティマは、ミニバンとしてもっとも成功したクルマといえる。2代目以降は車両コンセプトとパッケージやスタイルは初代から引き継がれたイメージであるものの、エンジンそのものや搭載法は初代エスティマとは異なるものになっている。その面でユニークなのは初代だけである。

エンジンをミッドシップに搭載した初代エスティマは、室内空間を最大限に確保、フロアの位置をフラットにし、とりまわしのいい車体にするためにエンジンを狭い空間に押し込め、前後の重量バランスも理想に近いものになっていた。

●開発の経緯

1980年代は、それまでの主流だったセダンの地位をリクレーショナルビークル(RV)が脅かすことになった。排気量と車両サイズでランク付けされていたセダンは、所得の違いが所有するクルマに反映される傾向を強めた。それを嫌い、もっと自由に個性的なクルマを所有したいと思う人たちが増えて、RVブームとなった。商用車として出発したワンボックスの乗用車版であるワゴンの売れ行きが好調になったのは、1980年代の初めのことである。

エスティマは、そのころから企画が立てられ、密かに開発が始められた。立案から10年もかけられて市販されたものである。それだけに、内容的に磨きがかけられたものになっており、従来のワンボックスカーとは全く異なるコンセプトのミニバンだった。既成のエンジンを使用せずに、このクルマのコンセプトを実現するエンジンまで開発したのは、トヨタとしては異例ともいえる力の入れようである。

コンパクトでパワーのあるエンジンが必要ということで、バルブ付きの2ストロークエンジンを開発していた。エンジンを床下に納まる大きさにすることが、このクルマを成功させるカギだったからだ。ワンボックスワゴンでは、ドライバーがクルマの

室内空間を広くとるためにエンジンを低く搭載したレイアウトであることが初代エスティマの最大の特徴だった。

すぐ前に座ることになるので、安全性で大きな問題がある。前部に衝突時のクラッシャブルゾーンを設けたうえで、室内空間もワンボックスカー並の広さを確保するものに仕立てたかったのだ。

しかし、2サイクルエンジンの実用化は思ったよりも難題が多かった。しかも、排気規制が厳しくなって問題はいつまでたっても解決しそうもなかった。そこで、このプロジェクトを中止し、代わってコンベンショナルな直列4気筒エンジンを、コンセプトに合ったかたちで配置する方法が採られることになった。

ワンボックスワゴンに替わるトヨタを代表するミニバンとして登場したエスティマ。シートアレンジも多彩になっていた。写真はエスティマルシーダ。

ボア95mm・ストローク86mm、2438ccのエンジンを開発、中央部のフロア下に72度傾けて搭載された。燃焼室形状や動弁機構などは2000ccの3S-FE型を踏襲したものだが、シリンダーブロックの排気側に、抱くような感じでオイルパンが装着されている。

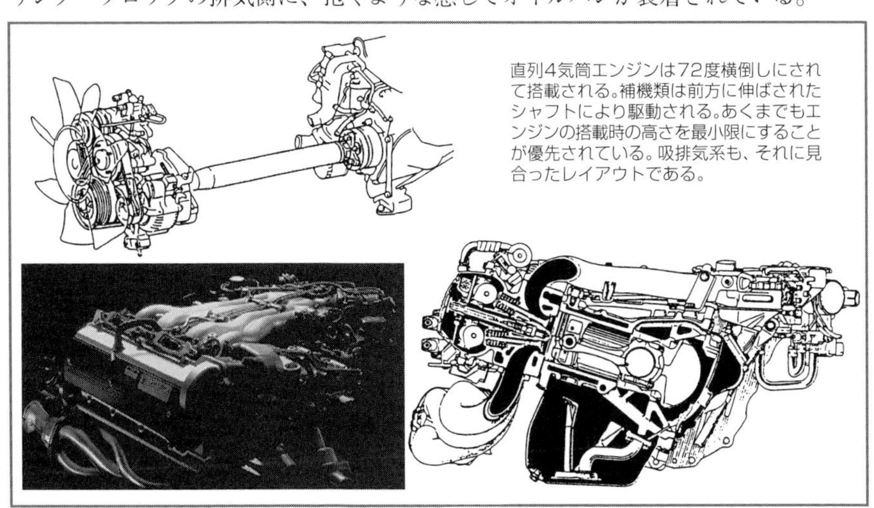

直列4気筒エンジンは72度横倒しにされて搭載される。補機類は前方に伸ばされたシャフトにより駆動される。あくまでもエンジンの搭載時の高さを最小限にすることが優先されている。吸排気系も、それに見合ったレイアウトである。

補機類はフロントのフードに収納するために駆動シャフトを伸ばして、その先にユニットとして分離してまとめられている。エンジンは縦置き、カムシャフト駆動は、トヨタではこの時代はコッグドベルトを採用していたが、例外的にチェーン駆動にしてエンジン全長を詰めている。中低速トルクを大きくして最高出力は135馬力に抑えており、最大トルクは21kg-mである。吸排気系の取り回しなどは、フロア下の空間内に納まることを優先している。

●その後の経過

エスティマは、室内空間が広いミニバンでありながら、車両の中央部分に質量(マス)の集中が図られ、ミニバンにありがちな走行性能をスポイルするクルマになっていない。

企画から10年を経過して市販されたときにも、古びた内容のクルマになっているどころか、それまでにない機構の優れたミニバンとして登場することができたのである。スタイルも洗練されたものになっていて、エスティマが成功した大きな要因のひとつである。

1994年のマイナーチェンジで、パワーとトルク向上のためにスーパーチャージャーを装着した。

車両サイズは3ナンバーの大きさになっていたが、その後、5ナンバーサイズのルシーダ/エミーナが登場している。さらに、1994年のマイナーチェンジの際には、限られたスペースの中でパワーアップを図るために、スーパーチャージャーを装着して25馬力アップした仕様も出ている。ミニバンとしてはパワーが不足していたからだ。

しかし、2000年1月のフルモデルチェンジではトヨタの大きいサイズのFF車用エンジンであるV型6気筒の1MZ-FE型エンジンがフロントに搭載され、コンベンショナルなレイアウトのミニバンになった。特殊な形式のエンジンを、限られた車種だけに使うことによるコスト高も改められた。2代目エスティマの販売が好調だったから、この変更は正解だったことになるわけだ。そして、プリウスで成功したハイブリッドカー路線の拡大にあたって、真っ先にこの新しい動力システムがエスティマに採用され、イメージアップが図られたのである。

マツダのミラーサイクルV型6気筒エンジン

マツダがV型6気筒エンジンを実用化したのは1986年で三菱よりわずかに後である。主要メーカーのうちでもっとも遅れてV6を市販したのはトヨタであるが、アメリカ輸出のために車両サイズの大きいFF車が必要になり、V型6気筒エンジンを搭載することになるまで実用化しなかった。

マツダが1993年に実用化しミラーサイクルを採用したV型6気筒エンジンは、こうしたV型の流れとは異なる狙いのエンジンである。この場合は、V型にウエイトがあるのではなく、ミラーサイクルという、これまで採用されなかったエンジンの実用化という点でユニークなエンジンである。

●ミラーサイクルとは

エンジンの効率を高めることが性能を上げ燃費を良くするカギである。燃費を良くすることが緊急の課題になった現在、ディーゼルエンジンが脚光を浴びているのは、ガソリンエンジンよりも熱効率がよいからである。どうしたらガソリンエンジンの効率を向上させることができるか。

ここに採り上げたミラーサイクルは、そのために考え出された燃焼サイクルのエンジンである。1940年代にアメリカのミラーによって考案されたことで、ミラーサイクルエンジンと呼ばれているが、それを実用化したのはマツダが最初である。

ミラーサイクルは、オットーサイクルと呼ばれる4サイクルの行程のあり方を変えたものである。オットーサイクルの場合は、吸気・圧縮・(燃焼)膨張・排気の四つの行程の長さが同じである。圧縮行程と膨張行程が同じになるから、圧縮比と膨張比は等しい。圧縮比を高くするとガソリンエンジンの場合はノッキングを起こすので、その限界の範囲に抑えられている。ディーゼルエンジンの場合は、ガソリンエンジンのようにノッキングしないので圧縮比が16～18というように高くでき熱効率がよい。ガソリン

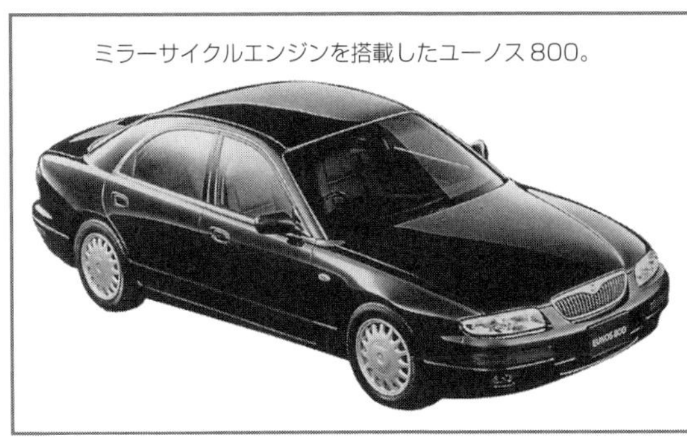
ミラーサイクルエンジンを搭載したユーノス800。

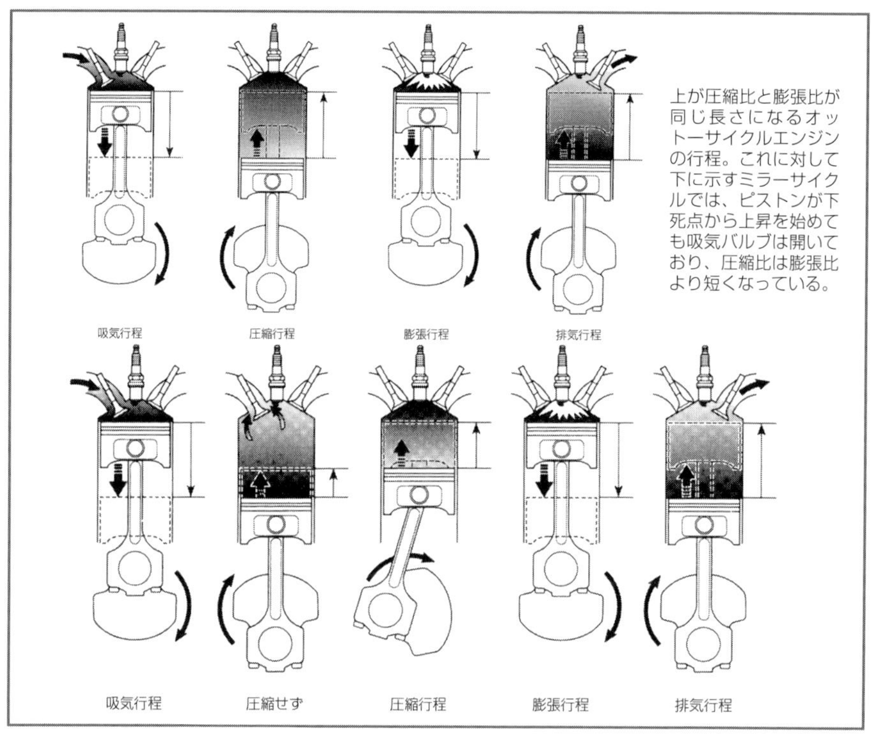

エンジンの場合は、少しずつ圧縮比が高められているが、この当時はせいぜい10止まりだった。膨張比もこれと同じにすると、本当は仕事として取り出すことのできるエネルギーを排気して捨てていることになる。膨張行程で発生する熱エネルギーをなるべく多く仕事に変換することができれば、それだけ燃費が良くなる。

そのために、膨張比を圧縮比より高くすると効果がある。これがミラーサイクルの考え方である。マツダのエンジンでは圧縮比を8にして膨張比を10としている。オットーサイクルでは圧縮比も10であるが、ミラーサイクルでは圧縮比を8に下げるには吸気バルブを遅く閉じるようにする。具体的には、下死点を過ぎてピストンが上昇し始めてからバルブを閉じる。いわゆる遅閉じミラーサイクルである。バルブを早く開いても同様の効果がある。

膨張行程をフルに生かすことで効率を上げることができるが、圧縮比を下げているから同じ排気量では出力の低下を招く。ピストンが上昇していても吸気バルブが開いているから、シリンダーに入った混合気の一部が逆流する。

そこで、マツダが性能向上策として採用したのがリショルム式コンプレッサーの装着である。スーパーチャージャーとしてはルーツ式のコンプレッサーを使用する例が多いなかで、マツダは効率に優れ、コンパクトにVバンクの谷間に納まるこのタイプを採用した。ただし、リショルム式コンプレッサーは機構が複雑でコストのかかるものだった。

●開発の経過

燃費が良くて性能が上がるなら、そんないいことはない。マツダのミラーサイクルエンジンは、ボア・ストロークが80.3mm×74.2mmの2254ccであるが、その狙いは2000ccクラスの燃費、3000cc以上の性能であった。このミラーサイクルエンジンに行き着いたのは、ディーゼルエンジン研究のなかで、低燃費の追求ではミラーサイクルエンジンが有効であると開発が始められた。このエンジンを考案したミラーは、圧縮比を下げるのに吸気バルブを早閉じにしていたが、マツダでは遅閉じを採用したのは負荷の変化の大きい自動車用だからだという。

ミラーサイクルの持つポテンシャルを自動車用として有効に引き出すには過給装置が欠かせないが、マツダがリショルム式を選択したのは、高い圧力を発生するからであるが、これまでスーパーチャージャーとして使用されなかったのはその圧力の高さゆえだった。ミラーサイクルエンジンと組み合わせることで、リショルム式過給器の出番がまわってきたという。圧縮されて高温となる空気は、ツインのインタークーラーで冷やされてシリンダーに送られる。

この過給装置を狙いどおりに使用するには、高精度な設計とその検証が欠かすことができず、生産までのプロセスではCADやCEMなどのコンピュータによる設計とシミュレーションなどの技術能力が必要で、ミラーサイクルエンジンの実用化には電子制御技術も欠かせないものだった。

ミラーサイクルエンジンは、理想のエンジンに近づけるための開発と、マツダではとらえていた。他のメーカーでは挑戦しない新しいエン

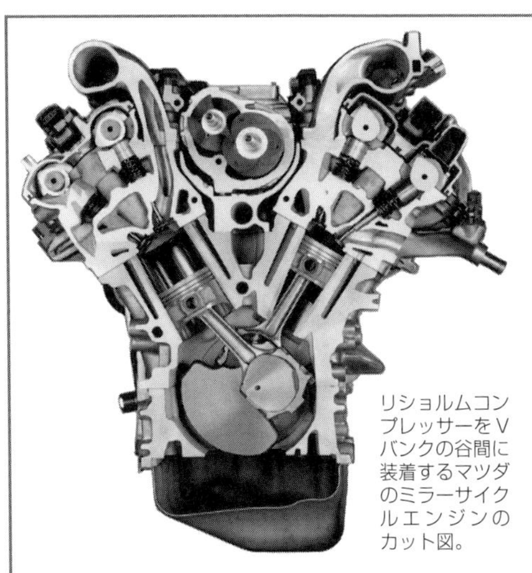

リショルムコンプレッサーをVバンクの谷間に装着するマツダのミラーサイクルエンジンのカット図。

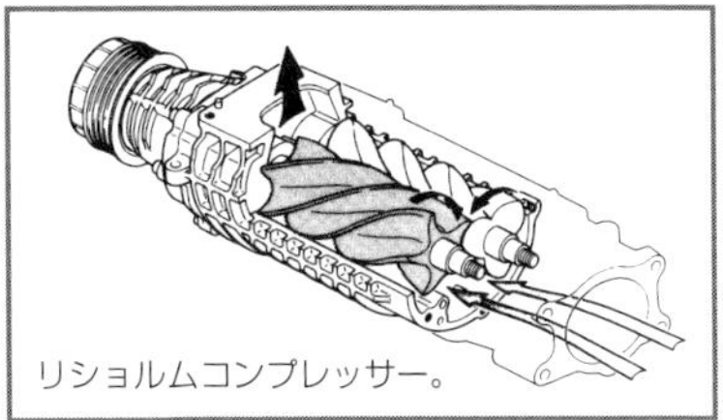

リショルムコンプレッサー。

ジンとして誕生した。

2254ccエンジンは、220ps/5500rpm、最大トルク30.0kg-m/3500rpmと、3300ccエンジン並の性能になっている。10・15モード燃費はリッター当たり10.6kmと、目標とした2000cc並になっている。この場合の車両重量は1490kgで計算している。エンジン重量を削減するためにシリンダーブロックもアルミ合金製になり、コンパクトになっている。

●その後の経過

マツダは国内販売を伸ばすために、1990年に販売チャンネルをそれまでの三つから五つに拡大した。輸出による販売台数が7割と高くなっているために、1980年代後半の円高による利益の縮小など経営的に不安定な状態から脱出するための挑戦であった。販売チャンネルを増やすことは、それぞれの販売系列で売るクルマを別々につくらなくてはならないと車種を大幅に増やす作戦を展開した。それぞれのクルマの開発に関わる人員は少数になり、しかも開発期間を短縮しなくてはならなかった。

ミラーサイクルエンジンは、そうしたなかで誕生したユーノス店用のユーノス800に搭載されて発売された。全長4825mmの高級4ドアセダンである。ミラーサイクルエンジンのほかに2500ccV型6気筒の200ps/6500rpm、22.8kg-m/4800rpmエンジンが搭載され、ほぼ同じ1470kgの車両重量で10・15モードの燃費はリッター当たり9.4kmであった。

排気量が2300ccであっても過給器付きのミラーサイクルエンジン搭載車は319.5万円で、普通のV6の2500ccエンジン搭載車は283.5万円、36万円の価格差があった。このため、燃費が良くてトルクがあっても、ミラーサイクルエンジン搭載車を選択するユーザーの数は、マツダの期待を大きく下回るものだった。初代トヨタ・プリウスのハイブリッドカーが同クラスの車両との価格差とほぼ同じであり、その点で見ると魅力的に見えないものであったといえる。また、5チャンネルにして高級車を多くしたマツダの販売戦略そのものもバブルの崩壊現象と重なって惨憺たるものだった。

その意味では、ミラーサイクルエンジンは不幸な巡り合わせのなかで市販されたものといわざるを得ない。

●トヨタのハイブリッドカーエンジンにも採用

1997年に発売されたハイブリッドカーのプリウスのガソリンエンジンは、アトキンソンサイクルを採用して燃費の低減に貢献していると発表された。エンジン効率を上げるために圧縮比より膨張比を大きくしており、その手段として吸気バルブの遅閉じをしている。明らかにマツダのミラーサイクルエンジンと同じ狙いである。トヨタが、アトキンソンサイクルと称したのは、マツダと同じエンジン名称になることを避けたためで、アトキンソンがこれに近いエンジンの考えを先に発表していたからである。

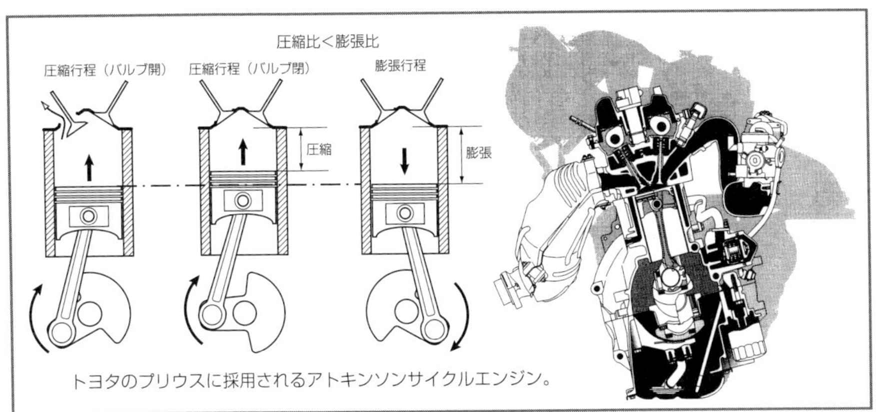

トヨタのプリウスに採用されるアトキンソンサイクルエンジン。

ガソリンエンジンとモーターの両方を駆動力として用いるプリウスでは、徹底して燃費を良くするためにガソリンエンジンは燃費の良い領域だけしか使用しないように制御している。エンジンだけでは駆動力が不足した場合はモーターも使用するからで、エンジンに頼る率が比較的少ないのがこのハイブリッドシステムの特徴である。そのためには、同じ排気量で見ればエンジン性能が落ちても、燃費が良いことに価値があるから、遅閉じミラーサイクルエンジンを採用したのである。エスティマなどのハイブリッド用エンジンでも同様のエンジンを採用している。

可変動弁機構であるホンダVTECの進化型エンジンでもミラーサイクルが使われている。2005年に発売されたシビック用の直列4気筒エンジンでは、低負荷時に採用されるバルブタイミングが遅閉じになっていて、ピストンが上昇してから吸気バルブが閉じることで、燃費を優先したバルブタイミングに設定している。一時的にミラーサイクルエンジンになっているわけだ。

今日のエンジンは、このように可変化を図ることで、あらゆる回転領域で最適な制御として、総合的な効率を高める技術競争が行われている。

日産マーチ用スーパーターボエンジン(ハイブリッド過給)

過給装置としては、クランクシャフトの回転を利用するスーパーチャージャーと、排気エネルギーで駆動するターボチャージャーがある。前者は低回転領域から過給することができるが、クルマを走らせるために使うクランクシャフトの動力を利用するから、パワーロスが生じる。その点、ターボは捨てている排気を使ってタービンをまわすから過給するのにムダがない。しかし、排気のエネルギーはエンジン回転がある程度上がらないと効果的にならないから、低速域ではターボが効かないし、ターボが効くまでにタイムラグがあるという欠点を持っている。

いずれにしても、過給は吸入する空気を圧縮してシリンダーに送り込むので、ノーマルエンジンの排気量より多くの空気を吸入できるから、パワーアップに貢献するシステムである。

1980年代に起こったターボブームの際には、ターボの欠点であるタイムラグ(ターボラグ)を少なくして低速域から効果的に使用することが技術的な課題として各メーカーで取り組まれた。ターボの過給圧を上げればパワーは大きくできるが、それだけターボラグが大きくなり、逆にターボラグを小さくするために過給圧を下げるとパワーの上昇代が小さくなる。こうした矛盾を解決するために、低速域で効果を発揮させようと、ツインターボにして片方だけまわすものや、タービン入り口の通路を二つにして低速では片方だけ排気を通すなどの方法が採用され、またターボの入り口通路を可変にするなどの方法も考えられた。

ここで紹介するスーパーチャージャーとターボチャージャーの両方を装備した日産のスーパーターボは、ターボのタイムラグをなくし過給能力を最大限に引き出すために考えられた機構である。しかも、二つの異なる過給装置をひとつのエンジンに備えたハイブリッド過給は、世界初であった。

スーパーターボエンジンを搭載するマーチ３ドアハッチバック。

●開発の狙いと経緯

日産のハイブリッド過給エンジンは、ラリー競技に使用するために日産が開発したものである。リッターカーとして登場し

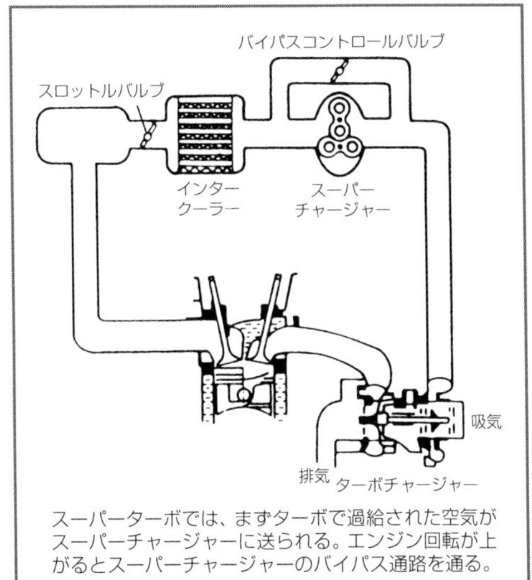

スーパーターボでは、まずターボで過給された空気がスーパーチャージャーに送られる。エンジン回転が上がるとスーパーチャージャーのバイパス通路を通る。

たマーチのエンジン性能をめいっぱいに上げる手段として採用した。

低回転域ではタイムラグのないスーパーチャージャーを働かせて過給し、エンジン回転が上昇してからはターボ過給にすれば、常に過給されてパワーを存分に発揮することができる。

ラリーは、加速と減速の繰り返しが多く、しかも高速で走ることもある。レースのように高速が多ければターボだけで何とかなるものの、ラリーでは低速で走る区間が長いものの負荷がかかることが多く、タイムラグがあったのでは使いづらいエンジンになってしまう。こうした要求に応えるために考え出されたのだ。

このエンジンをベースにして1989年のマーチのマイナーチェンジの際に、ハイブリッド過給エンジンをスーパーターボという名称で搭載した車種が設定された。マーチのエンジンはボア・ストロークが68mm×68mmのスクウェアタイプで987ccであるが、ハイブリッド過給エンジンは66mm×68mmとなり、ボアを2mm小さくして、排気量は57cc小さく930ccになっている。

エンジン名称もMA10ETからMA09ERTとなっている。排気量が小さくなった理由は、競技規則との関係がある。というのは、車両の排気量区分では1600cc以下がひとつのクラスになっていて、過給装置をつけると、そのエンジンの排気量の1.7倍として計算される。マーチの出場するクラスは、ベースエンジンのままでは排気量がオーバーして上のクラスに編入されてしまうからだ。

●ハイブリッド過給システムの利点

もともとマーチにはターボエンジンの設定があった。さらに、その上を行くハイブリッド過給が設定されたのは、マーチにスポーツ性のある車種を追加することでラリーなどに参加しようとする人たちを取り込んでイメージアップを図るためでもあった。ずば抜けた性能にするために、ターボの過給圧は、それまでのターボよりも高いものになっており、容量の大きいターボが装着されている。そのぶんターボラグが大きくなるが、ターボが効くまではスーパーチャージャーの過給でカバーすることが可能だ。

スーパーチャージャーはトヨタなどで採用しているのと同じルーツ式で、電磁ク

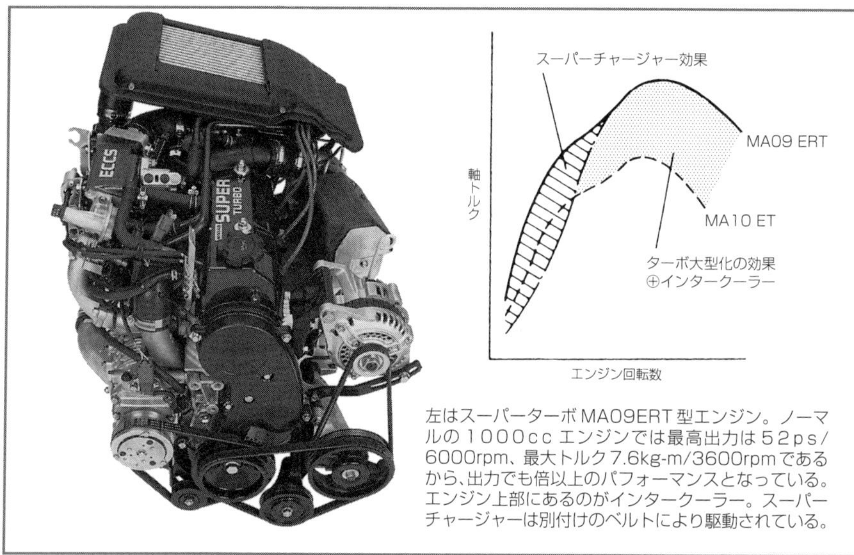

左はスーパーターボMA09ERT型エンジン。ノーマルの1000ccエンジンでは最高出力は52ps/6000rpm、最大トルク7.6kg-m/3600rpmであるから、出力でも倍以上のパフォーマンスとなっている。エンジン上部にあるのがインタークーラー。スーパーチャージャーは別付けのベルトにより駆動されている。

ラッチによりオン/オフされる。ターボが効くようになる高回転域では、スーパーチャージャーは働かせなくしてパワーロスをなくす。途中の領域ではバイパス通路に設けられたバルブの開度を調整する。電磁クラッチがオフになるのは4000rpm以上のときである。

スーパーチャージャーとターボチャージャーは、直列に配置されており、ターボで過給された吸気は、スーパーチャージャーに送り込まれる。もちろん、エンジン回転が上がっていれば、スーパーチャージャーをバイパスして、その先に設けられているインタークーラーで冷却されてから、シリンダーに入っていく。

ハイブリッド過給エンジンは、最高出力110ps/6400rpm、最大トルク13.3kg-m/4800rpmとなっている。

●その後の展開

マーチは1992年1月にモデルチェンジされてエンジンも新しくなった。ハイブリッド過給エンジンはSOHC2バルブであったが、新エンジンは1000ccと1300ccのDOHC4バルブとなり、ハイブリッド過給エンジンは姿を消した。新エンジンで採用するには、新しくセッティングしなくてはならないが、その価値があるほどの売れ行きを示さなかったからだ。このため、日産のハイブリッド過給エンジンは短命に終わった。ラリー競技そのものが盛んでなくなってきたことも背景にあるが、このころの日産が、経営状態が良くなかったことで、消極的な姿勢を示したときでもあった。

これと同じハイブリッド過給システムのTSIエンジンが2006年にドイツのVWゴルフに採用されて登場し、日本でも2007年から発売された。

直列4気筒1400ccエンジンに搭載され、VWでは「ツイン過給エンジン」と称している。ターボラグをスーパーチャージャーで解消するのは同じだが、パワーと燃費の両立を図ろうという積極的な意味合いを持つエンジンとして開発された。日産では、ラリーなどのスペシャルバージョン用として少量生産であったが、VWでは主流エンジンとして量産されるものである。

VWエンジンのスーパーチャージャーは日産のものとはローターの形状が異なるが、同じルーツ式を採用、スーパーチャージャーが先にある直列式で、そのオン/オフは同じく電磁クラッチによる。ただし、VWのハイブリッド過給システムでは、燃費の低減を技術開発の優先順位を高くしているので、ターボチャージャーとスーパーチャージャーの関係は、きめ細かく制御されている。

マーチではターボが先に配置されたのは、過給としてターボを優先する思想のエンジンだったからで、燃費性能は二の次だった。これに対してVWのTSIエンジンは、低回転域ではパワーロスが少ないスーパーチャージャーを先にして燃費に配慮している。

VWでは、ガソリンエンジンでも燃費を良くしたうえで、パワーも一定のレベル以上のものにするために、過給装置をうまく使い、エンジンの軽量コンパクト化も達成できるハイブリッド過給を採用したのである。

ターボブームの仕掛け人であり、ハイブリッド過給を世界で最初に採用した日産には、過給装置を有効に活用したエンジンの開発を期待したい。

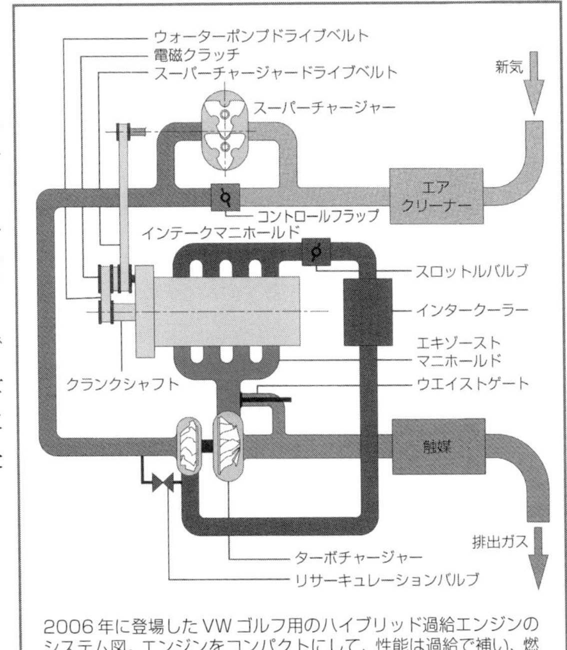

2006年に登場したVWゴルフ用のハイブリッド過給エンジンのシステム図。エンジンをコンパクトにして、性能は過給で補い、燃費と出力の両立を図ろうとしたエンジンである。

終わりに

本書は、これまでGP企画センターで出版した本の編集の際に集めた資料が基になっている。それで足りない部分は、三栄の鈴木脩己氏のご厚意で月刊誌として最も内容が充実していた「モーターファン」誌の資料や写真を使用させていただいた。また、1960年代の資料では自動車評論家の星島浩氏のご提供をいただいた。さらに、自動車メーカーの広報資料やカタログ、技術技報などを参照して構成している。これらがなければ本書の内容は貧しいものにならざるを得なかったので、深甚なる感謝の意を表する次第です。

また、ユニークなエンジンを列挙するに当たっては、メカニカルリサーチの熊野学氏に相談した。このうちいくつかは熊野氏の指摘により加えている。さらに、内容に関してのチェックもお願いした。

この本が、こんなエンジンもあったなあと懐かしみ、あるいはなるほどこんな試みもしていたのかと楽しんでもらえればありがたい。いまとなっては、失敗作であると思われるエンジンも含まれているとはいえ、どれひとつとして開発した技術者たちの情熱とエネルギーの結晶であることに例外はない。いまの目で見ると、批判することができるだろうが、それは後知恵というもので、実際には、それを開発した時点に立って眺めることが肝要である。しかし、当時のおかれた環境について理解することも次第にむずかしくなってきている。

今日、地球環境に配慮する必要が叫ばれていて、自動車用エンジンが大きく変わろうとしているように思える。しかし、ここに取り上げたエンジンが実用化されたときも、同様に大きな曲がり角に来ているという認識を持ったに違いない。それぞれの地点に立てば、常に曲がり角にあると見えるのではないだろうか。その曲がり角の先がどうなったかが、これらのエンジンを見ればたどれることが可能であるのは面白いことではないだろうか。それが、温故知新ということなのかも知れない。

桂木洋二

〈著者紹介〉

桂木洋二（かつらぎ・ようじ）

フリーライター。東京生まれ。1960年代から自動車雑誌の編集に携わる。1980年に独立。それ以降、車両開発や技術開発および自動車の歴史に関する書籍の執筆に従事。そのあいだに多くの関係者のインタビューを実施するとともに関連資料の渉猟につとめる。主な著書に『欧米日・自動車メーカー興亡史』『日本における自動車の世紀　トヨタと日産を中心に』『企業風土とクルマ　歴史検証の試み』『スバル360開発物語　てんとう虫が走った日』『初代クラウン開発物語』『歴史のなかの中島飛行機』『ダットサン510と240Z　ブルーバードとフェアレディZの開発と海外ラリー挑戦の軌跡』（いずれもグランプリ出版）などがある。

エンジン開発への情熱
ユニークなエンジンの系譜

著　者　　**桂木洋二**
発行者　　**山田国光**

発行所　　**株式会社グランプリ出版**
〒101-0051　東京都千代田区神田神保町1-32
電話 03-3295-0005㈹　FAX 03-3291-4418
振替 00160-2-14691

印刷・製本　　モリモト印刷株式会社